블로우드라이 & 아이롱

BLOW DRY & IRON

정찬이 · 김동분 · 반세나 · 임순녀 공저

光文閣

머리말

블로 드라이는 1960년대 중반부터 급격히 보급된 미용 기술의 하나로서 프랑스에서 처음 사용되었다. 이후 영국의 비달 사순에 의해 'CUT & BLOW DRY' 라는 이름으로 젊은 여성들 사이에서 인기를 얻기 시작했다. 우리나라에서는 드라이어가 도입되기 이전은 모발 스타일은 컬링 아이론에만 의존해 오던 것을 드라이어가 도입되어 1970~1980년경까지 아이론과 드라이어를 함께 사용하였다. 여성들의 사회 진출로 인하여 모발을 스타일링하기에 간편하면서 쉽고 빠른 머리 손질과 자연스러운 스타일로 인하여 1980년대에 드라이어 사용이 확산되어 1980년 이후부터는 드라이어 사용이 정착되기 시작하여 미용실은 물론 어느 가정에서나 일반화된 미용기구이다.

경술국치 이후부터 외국 각지에서 공부하고 돌아온 신여성 등에 의해 미용이 보급되기 시작하였으나, 우리나라 최초의 미용실은 일본에서 미용을 배운 한국의 1호 미용사 오엽주 여사가 1933년 서울 종로 화신백화점 안에 개원한 화신미용원이다. 일본에서 미용을 배워온 오엽주 여사로 인하여 헤어스타일의 변화가 더욱 확산되었다.아이론은 블로 드라이가 도입된 1970년대 이전까지 꾸준히 이용되다가 블로 드라이의 확산과 함께 1970년대 후반부터 화열식인 마셀 기술이 점차 쇠퇴해 갔다. 그러다가 1990년대 후반에 열을 이용한 스트레이트 펌이 유행하면서 전열식 아이론과 플랫 아이론이 각광받기 시작하였다. 현재 일시적 헤어스타일링 연출은 아이론기를 이용하는 경우와 드라이기를 이용한 블로 드라이가 함께 공존하고 있다. 아이론은 특별한 조작이 필요치는 않지만 감각적 테크닉이므로 많은 연습이 필요하다 하겠다.

따라서 이 책은 오랫동안 미용대학과 미용교육기관에서 드라이와 아이론 교육을 하면서 체계적이고 알찬 교재의 필요성을 느꼈고, 현장에서 근무하는 디자이너들과 미용을 공부하는 초년생들에게 기본 지침서가 될 수 있도록 구성하였다.

그리고 쉽고 빠르고 정확하게 익힐 수 있는 교본이 될 수 있도록 원리를 익히고 기초를 튼튼히 하여 새로운 스타일을 응용할 수 있는 과정으로 집필하였다.

끝으로 이 책이 출판되기까지 많은 도움을 주신 광문각출판사 박정태 회장님과 임직원들께 진심으로 감사드린다.

저자 일동

목차

이론편

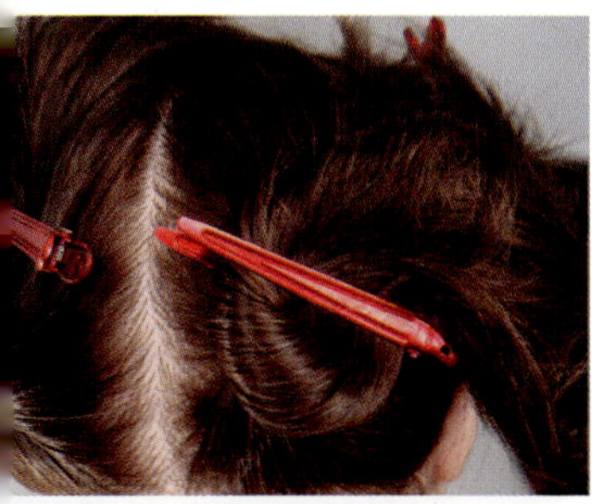

실기편

이 론 편

DRY & IRON

1. 모발의 이해
2. 블로 드라이 기초 이해
3. 아이론(Iron)

Chapter 01

모발의 이해

1. 모발의 구조

모발은 두피의 표면을 경계로 모간(Hair Shaft)과 모근(Hair Root)부로 나뉜다. 모간부는 두피 표면의 바깥으로 나와 있어 우리의 눈에 보이는 모발 부분을 말하고, 모근부는 두피의 표피 아래쪽을 통칭하는데, 모발의 생리학적 현상은 모발의 모근부에서 일어나며 세포분열을 통한 모발의 생성과 성장, 그리고 이탈까지의 모든 과정에 관여한다. 모간부는 외측부터 모표피, 모피질, 모수질로 구성되며, 모근부는 모낭과 모구, 모유두, 모모세포, 내모근초, 외모근초, 피지선, 기모근 등으로 구성되어 있다.

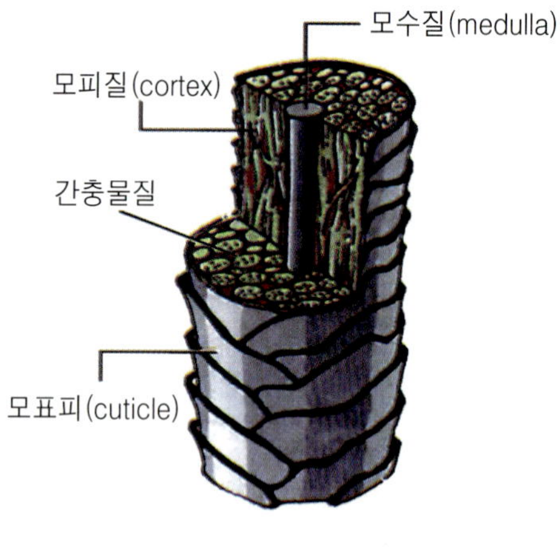

[모발의 구조]

[모발 표피의 문리구조]

1) 모간(Hair Shaft)

두피 바깥으로 나와 있는 눈에 보이는 부분으로 모발의 횡단면을 보면 모표피, 모피질, 모수질로 나뉜다.

(1) 모표피(Hair Cuticle)

모발의 가장 바깥 부분으로 비닐 모양으로 5~15층으로 겹쳐 있다. 모표피의 성질을 보면 강한 친유성을 띠기 때문에 물과 약제에 대한 저항력을 지니고 있어 외적인 영향으로부터 모피질을 보호하는 역할을 한다. 모표피가 전체 모에서 10~15%를 차지하며 %가 많을수록 모발은 단단하고 투명, 습윤, 광택, 마찰에 대한 강도가 높다. 모표피는 물리적 자극, 화학적인 자극에 의해 손상, 박리, 탈락하게 되면 모피질에 손상을 주고 결국 모발이 손상된다. 모표피의 문리는 형태, 겹침, 발생 부위에 따라 달라지고, 개인차가 있으며, 3겹의 상표피와 간충물질로 이루어져 있다. 섬유 외측으로부터 cystine 함량이 많고 화학적 저항성이 높은 층인 에피큐티클(epicuticle)층은 친유성 부분으로 산소나 화학약품에 대한 저항이 가장 강하지만 물리적인 도구의 작용을 받으면 쉽게 손상된다. 중간층인 엑소큐티클(exocuticle)은 permanent wave제와 같은 cystine 결합을 절단시키는 약품인 펌제의 작용을 받기 쉬운 층이고, 내측의 엔도큐티클(endocuticle)은 기계적 작용에 대한 저항은 약한 층이다.

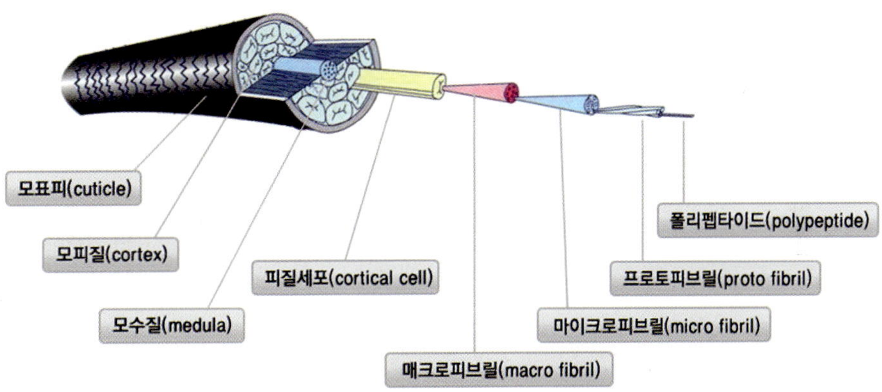

[모피질의 구조]

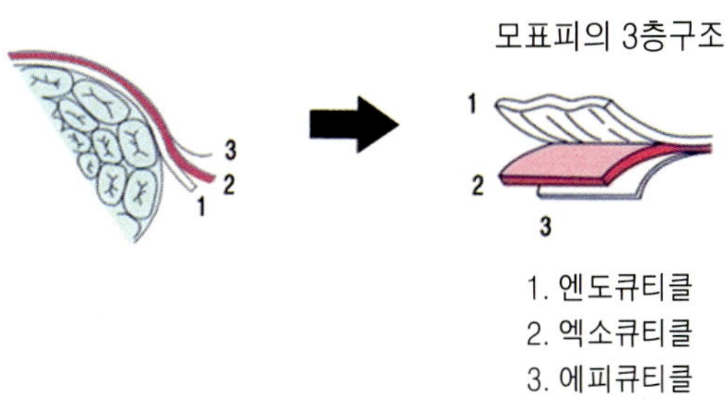

[모표피의 구조]

원섬유 (프로토피브릴 Protofibril)	체인 모양의 분자 결합. 나선형으로 되어 있으며 유황으로 서로 결합
미세섬유 (마이크로피브릴 Microfibril)	원섬유들의 결합. 간층물질들로 연결, 결합. 종(세로)으로 되어 있으며, 마치 케이블 선처럼 꼬여 있다.
피질세포	모피질의 제일 큰 부분. 모피질은 결국 피질세포들과 이 세포들 간의 결합물질(간층물질)로 구성되어 있다. 피질세포들은 탄력과 저항력이 있는 간층물질로 서로 밀접하게 결합되어 있으며 이로 인해 모발에 안정성과 탄력을 준다.
간층물질 (세포막복합체)	모피질 세포 사이에는 세포 간층물질인 세포막 복합체(cell membrane complex, CMC)가 있으며 이것은 세포막을 접착시켜 주는 접착제 역할을 한다. 탄력이 있는 케라틴과 지질로 구성되어 있으며, 표피와 표피 사이, 피질 세포들 사이에 있어, 모피질 내의 수분이나 단백질의 용출을 막으며, 외부로부터 이물질의 침투를 막는다. 그러나 간층물질은 각화된 케라틴보다 더 연하기 때문에 염색, 퍼머넌트, 탈색 등의 화학적 시술, 그리고 고온의 바람을 이용한 드라이, 잘못된 제품 사용 등으로 더 쉽게 모발에서 유실되어 빠져나가므로 주의한다.

(2) 모피질(Hair Cortex)

모피질은 모표피 안쪽의 층으로서 모발의 80~90%를 차지하며, 원섬유들의 결합인 미세섬유들의 결합, 즉 피질세포들이 간층물질들로 서로 밀접하게 결합된 종적인 세로 구조이다. 친수성으로 모발의 유연성, 탄력, 강도, 촉감, 질감 등과 모발의 성질을 결정한다. 멜라닌 색소가 분포되어 있어 모발 색이 결정되고 펌제나 염모제 등의 화학약품의 작용을 받기 쉽다.

(3) 모수질(medulla)

모발의 중심부에 있는 모수질은 벌집 모양의 다각형 세포로 미세한 공기를 포함하고 0.09mm 이상의 모발에 존재하며, 0.07mm의 가는 모발은 모수질이 존재하지 않는다. 모수질의 동공은 크고 작은 공포에 공기를 함유하여 보온의 역할을 하므로 한랭지에 서식하고 있는 동물들의 털은 모수질이 약 50% 이상을 차지, 보온 역할을 하여 생존을 위한 중요한 부분 중의 한 부분으로 작용하기도 한다. 일반적으로 모수질이 많은 성인의 모발은 웨이브 형성이 잘 되지만 모수질이 적은 어린이의 모발은 웨이브 형성이 어렵다. 이는 어린이의 모발은 모수질이 거의 존재하지 않은 연모이기 때문이다.

2. 모근

모근부는 눈으로 보이지 않는 부분을 말하며, 두피의 표피 아래쪽을 통칭한다. 모발의 생리학적 현상은 모발의 모근부에서 일어나며 세포분열을 통한 모발의 생성과 성장, 탈모의 모든 과정에 관여한다. 모근부는 모낭과 모구, 모유두, 모모세포, 내 · 외모근초, 피지선, 입모근 등으로 구성되어 있다.

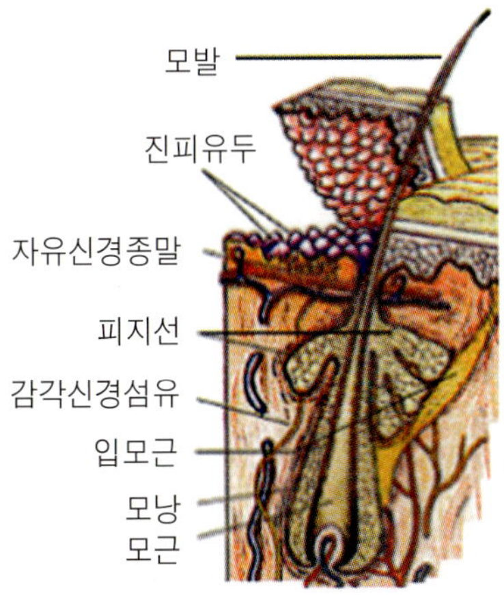

[모근의 구조]

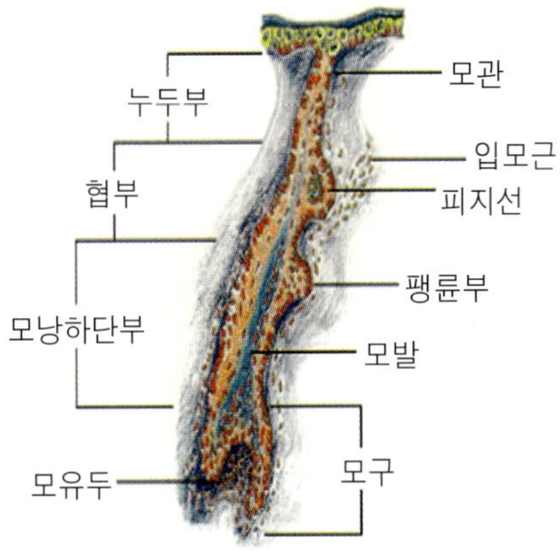

[모근의 분류]

1) 모낭(hair follicle)

모근을 싸고 있는 내 · 외층의 피막. 표피가 피하조직까지 움푹 들어가 있고, 관 모양을 하고 있으며 자루 역할을 한다. 모낭은 모근부를 둘러싸고 있으며 내 · 외층의 피막으로 되어 있다.

① 모구(hair bulb) : 전구 모양으로 모근이 들어가 골을 이루고 있다. 여기에서 털이 자라며 모발을 생장시키는 데 있어 매우 중요한 부분이다. 모구부의 아랫 부분은 오목하게 되어 있으며, 그 안에 진피층에서 나온 모유두가 위치해 있다.

② 모유두(hair papilla) : 모유두는 태어날 때부터 숫자가 결정되며 젖꼭지와 같이 생긴 모양으로 모유두의 표면에는 모모세포들로 덮여져 있어서 모발의 생장에 아주 중요한 역할을 담당하게 된다. 모유두의 부위에서는 모수질이 될 세포가 분열이 되고, 그 아랫 부분에서는 모피질이 될 세포가 분열하고 가장 아래 외측에서는 모표피가 될 세포가 분열하여 위로 밀려 올라오게 된다.

③ 모모세포(hair matrix) : 모세혈관으로부터 모발을 성장시키는 영양분과 산소가 모유두를 둘러싸고 있는 모모세포로 운반되면, 이 영양분을 받아 분열된 모모세포가 모발의 형태를 만들어 위로 올라옴으로써 모발이 성장하게 된다.

④ 색소세포(melanocyte) : 모발의 색상을 결정하는 멜라닌 색소는 모피질을 만드는 모모세포로부터 색소세포인 멜라닌세포에서 생성되어 모피질, 모수질의 색을 결정한다. 만들어진 멜라닌 색소의 종류와 양에 따라 모발의 색이 결정되기 때문에 사람마다 모발 색이 다르다.

⑤ 피지선(sebaceous gland) : 모낭의 상단에는 피지선에서 피지가 분비되어 모낭 내에서 모공으로 나와 모간부로 전달되어 모발에 윤택하게 하여 모발과 피부를 보호하는 역할을 한다. 또한, 피지는 한선에서 분비되는 땀과 잘 유화되어 피부표면에 정상적인 산성막을 형성하여 외부 이물질에 대한 침입을 막아주고 살균작용을 한다.

⑥ 입모근(arrector pili muscle) : 기모근, 털세움근이라고도 한다. 교감신경에 의하여 수축되면 피지선을 압박하여 피지를 분비하게 하며, 불수의근으로 마음대로 움직일 수 없으나 상단의 표피 가까이 뻗어 있고 추위나 공포 등을 느끼면 자율적으로 수축해 피부에 소름을 돋게 하는 역할을 한다.

2) 모낭의 형태에 따른 분류

모발의 형태별 구분은 하나의 모낭 안에 존재하는 모모세포 및 모낭세포의 케라틴 단백질 합성의 속도 차이에 의해 모발 및 모낭의 웨이브 상태가 결정되어 나타나는 것으로, 이 같은 현상은 유전자(DNA)에 의해 좌우되어 근본적인 모발의 웨이브 상태를 변화시키지 못한다. 모근을 감싸는 모낭 형태의 차이에 따라 모발의 형태가 달라지는데, 모발의 단면 형상을 보면 원형, 타원형, 다양한 형태의 편형의 3종류로 분류된다. 동양인의 모발은 보통 직모가 많지만 원형과 타원형의 혼합이면 약간 곱슬이며, 타원형과 편형의 혼합이면 심한 곱슬머리가 된다. 또한, 태어날 때 직모를 가지고 있다고 해도 성장함에 따라 곱슬의 형태가 심해지는 모발이 있는가 하면 반대인 경우의 모발도 있다. 이러한 모발의 형태는 드라이를 할 때 모발의 형태에 따라 도구와 시술 방법에 차이가 있다.

직모(생머리)

모발의 단면이 원형을 띠고 있는 것이 특징이다. 이러한 현상은 모모세포 및 모낭세포가 케라틴 단백질 생성 과정에서 세포분열의 속도가 동일한 속도로 진행되어 나타나기 때문이다. 모모세포 간의 동일한 세포분열이 이루어져 모경지수가 75~85 정도로 모발의 단면이 원형(round)에 가깝다. 주로 황인종에게서 많이 나타난다.

파상모(반곱슬머리)

유전적 체질에 의해 나타나는 것으로 알려져 있으며, 모발의 단면도가 타원형을 띠는 것이 특징이다. 이러한 현상은 모발에 행하는 어떠한 시술로도 영구적인 변형은 힘들다. 또한, 직모와 축모의 중간 형태로 모낭이 직모에 비해 비스듬하게 생성되어 있다. 직모와 축모의 중간 형태로 모경지수가 60~75이며, 모발의 단면은 타원형(oval)이며 유전적인 경향이 크다. 굵은 웨이브가 있으며 주로 백인종에게서 많이 볼 수 있다.

축모(곱슬머리)

단면이 '파생모' 에 비해 웨이브가 심하며, 특히 흑인종에게서 많이 나타난다. 처음에는 모발이 가늘고 약하여 그 형태의 구분이 불확실하다가 사춘기 이후에 나타나는 경우가 많다. 흔히 곱슬머리라고 하며 모경지수가 50~60정도로 편평하며 다양한 형태의 부정형 납작한(flat) 형태이다. 심한 곱슬머리 모양으로 흑인종에게 많으며 선천적, 유전적인 경향이 강하다.

3) 모경지수

모경지수란 모발의 원형 상태를 파악하는 지표로 곱슬기의 정도를 나타내는 수치이다. 모발의 횡단면의 최소 직경은 최대 직경으로 나누어 100배나 되는 수치를 모경지수라고 하고, 이 지수가 100이면 완전히 원형이며 작으면 타원형에서 편평하게 된다. '모경지수 = 모발의 단경/모발의 장경 × 100' 모발의 횡단면으로 모경지수를 판단한다. 인종별로 분류해 보면 흑인 50~60, 백인 62~72, 동양인 75~85, 에스키모 77, 티벳인 80으로 나타난다. 그 수치가 100에 가까울수록 모발은 원형의 형태를 유지하는 직모에 가까운 상태를 유지한다.

인종	모경지수	동양인의 모발 두께
동양인	0.75 ~ 0.85	가는 모발 - 약 0.05~0.15mm 정도
서양인	0.62 ~ 0.72	보통 모발 - 약 0.08~0.09mm 정도
흑인종	0.5~0.6	굵은 모발 - 약 0.1~0.15mm 정도

3. 모발 손상 요인

모발 손상의 원인에는 따뜻한 물로의 샴푸 등 일상 속에서 무심코 행해지는 모든 것들이 모발의 손상을 초래한다. 물리적 원인과 화학적 원인으로 크게 나눌 수 있으며, 물리적 손상은 모발에 기술적인 자극이나 열 등에 의한 것으로 주로 형태적인 변화를 준다. 이러한 원인들은 물리적 영향을 받으면 화학적 변화를 받기 쉽고, 역으로 화학적 변화를 받으면 물리적 영향을 받기 쉽게 된다. 그러나 아름다워지는 방법들은 우리의 생활과 떼어낼 수 없으므로 손상을 피해갈 수는 없겠지만, 적당한 기술과 올바른 시술이 따른다면 심한 손상을 줄일 수 있다.

[모발손상의 원인들]

화학적 요인	농축된 과산화수소나 알칼리제의 과다 사용, 저품질 미용제품의 사용, 방치 시간의 초과, 퍼머넌트 또는 퍼머넌트 웨이브 시 가온, 모발 염색 및 탈색, 헤어 스트레이트, 잦은 샴푸 등은 모표피를 손상시키고 계속되는 화학제품에 의한 미용 시술은 모발 내부의 피질 세포까지 손상을 주어 결국은 갈라지고 부서져 나가게 되어 심한 손상을 입게 된다.
물리적 요인	고무줄과 머리핀 등에 의한 잡아당김, 샴푸 후에 드라이어를 이용한 건조, 심한 브러싱, 금속성 미용기구의 반복적인 사용, 베개와 빗질 등으로 인한 마찰, 모발에 볼륨을 주기 위해 시술되는 백 코밍으로 인한 마찰, 과격한 세발 등의 경우에도 모발에 많은 손상을 입히며, 아이론과 헤어드라이어의 온도 과열도 모발 손상의 요인이 된다. 웨이브제나 염색제 등에 의한 모발 성분에 화학적 변화를 주어 질적 손상을 일으키는 경우가 많다.
환경적 요인	자연적인 원인인 강한 바람, 자외선, 바닷물, 환경오염, 바닷물과 강렬한 일광 등도 모발에 많은 손상을 준다. 자외선을 차단하는 모발 보호 크림을 바르고 강한 햇볕에 모발이 직접 노출되지 않도록 하여야 한다.
생리적인 요인	주로 인체 내부에서 오는 요인으로 다이어트, 편식 등에 의한 영양 불균형, 질병의 후유증, 비타민 결핍증, 약물중독, 경구 피임약, 스트레스, 신경과민, 극도의 피로, 출산 전후의 호르몬 불균형 등으로 모발이 손상된다.
마찰에 의한 손상	샴푸, 타월, 드라이, 빗질 등에 의해 마찰과 자극에 의한 손상이다.
열에 의한 손상	헤어드라이, 아이론 등 전기기구에 의한 손상으로 모발은 열에 약한 성질이 있다.

1) 모발의 손상 과정

① 큐티클층이 느슨해지며 벗겨지고 떨어져 나가 큐티클층의 수가 감소한다.

② 모발 내부가 노출되며 모발 단백질이 유출되거나 변성된다.

③ 모발의 간충물질이 빠져나오게 되며 세포와 세포 사이의 결합이 느슨해진다.

④ 모발이 푸석거리고 윤기 없는 거친 모발로 변한다.

⑤ 손상이 누적되면 모발이 잘라지거나 모발 색이 변색되어 끊어진다.

2) 모발 손상 방지 제품

헤어트리트먼트는 손상된 모발에 유분과 수분을 공급하여 모발을 보호하고 정상적으로 복구하는 것을 목적으로 더 손상을 예방하기 위해서 사용된다. 헤어린스의 경우 모발의 표면에 양이온성 계면활성제와 유분이 흡착되어 모발의 정전기 발생을 억제하고 윤기를 부여하지만, 헤어트리트먼트의 경우는 모발 보호 성분들을 모발 내부에 침투시켜 손상된 모발을 회복시켜 주는 차이점이 있다. 고분자 실리콘은 갈라진 모발의 예방과 진행 방지에 효과가 있다. 헤어트리트먼트 제품을 모발에 도포하여 마사지한 후 헹구어 내는 것이 많고, 유액상이나 크림상이 일반적이다. 또한, 브러싱에 의한 마찰과 드라이어의 열로부터 모발을 보호하기 위해 분무하여 사용하는 스프레이식의 헤어트리트먼트도 있다.

① 헤어트리트먼트 크림(hair treatment cream)

헤어트리트먼트 크림은 대부분 유화형으로 퍼머넌트, 염색, 헤어드라이 사용, 공해 등으로 손상된 모발에 영양물질을 공급하고 손상 모발의 회복을 목적으로 한 트리트먼트제이다. 헤어크림과 마찬가지로 유화 상태에 따라 O/W형과 W/O형이 있으므로 목적에 알맞은 것을 선택하여 사용할 수 있다.

② 헤어 팩(hair pack)

헤어 팩은 모발을 손질하기 쉽게 하고 손상모를 회복시키기 위해 사용하는 유화 형태의 제품으로 대부분 씻어내는 타입이다. 헤어린스와 구성 성분은 유사하나 다량의 Conditioning 성분이 함유되어 집중적인 트리트먼트 효과를 나타낸다.

③ 헤어 코트(hair coat)

긴 머리의 경우 모발의 끝 부분은 유분이 부족하여 쉽게 손상되고 갈라지게 된다. 헤어 코트는 윤활성, 밀착성 및 내수성이 있는 고분자 실리콘을 사용하여 모발 끝의 갈라진 부위와 손상된 부위를 회복시켜 주기 위해 사용하는 제품이다. 갈라진 모발의 회복과 모발 갈라짐의 예방을 목적으로 한다.

Chapter 02

블로 드라이 기초 이해

1. 블로 드라이

1) 블로 드라이의 역사

1933년 처음으로 미용실이 생겨나 극히 일부 층에서만 미용실을 이용하였는데, 이러한 변화는 여성들의 사회 참여와 함께 급속도로 확산되었다. 블로 드라이는 1960년대 중반부터 급격히 보급된 미용 기술의 하나로써 프랑스에서 처음 사용되었다. 이후 영국의 비달 사순에 의해 'CUT & BLOW DRY' 라는 이름으로 젊은 여성들 사이에서 인기를 얻기 시작했다. 우리나라에서는 드라이어가 도입되기 이전은 모발 스타일은 컬링 아이론에만 의존해 오던 것을 드라이어가 도입되어 1970 ~ 1980년경까지 아이론과 드라이어를 함께 사용되었다. 여성들의 사회 진출로 인하여 모발을 스타일링하기에 간편하면서 쉽고 빠른 머리 손질과 자연스러운 스타일로 인하여 1980년대에 드라이어 사용이 확산되어 1980년 이후부터는 드라이어 사용이 정착되기 시작하여 미용실은 물론 어느 가정에서나 일반화된 미용기구이다. 미용기술과 기구의 발전에 힘입어 플랫 아이론과 라운드 아이론의 역할이 유행과 맞물려 점차 확대되어 가고 있다.

2) 블로 드라이의 정의

블로 드라이란 것은 머리카락을 건조시키고, 헤어커트나 퍼머넌트 후 부족한 부분을 보완하거나, 원하는 헤어 스타일링을 위한 테크닉으로 드라이어를 이용해 스타일을 연출하는 것이다.

- 드라이는 모근의 방향과 볼륨감, 윤기 등을 원하는 스타일을 시술자의 손, 드라이어, 브러시, 빗, 스타일링 제품 등을 이용하여 스타일을 만들어 표현하는 일시적인 시술이다.
- 드라이어는 모발 건조 기능, 볼륨 형성, 커트와 펌을 보완하는 기능, 화학처리의 가열 기능, 스타일 용품 사용 후의 고정 기능 등으로 폭넓게 사용된다.

- 커트에 의해 형성된 헤어스타일에 스트레이트, C컬, S컬, SS컬 등을 형성하여 스타일을 완성하는 기술이다.
- 드라이는 드라이어와 매직기, 아이론 등을 이용해 스타일을 연출하는 일회용 시술이다.

3) 블로 드라이 스타일링의 목적

드라이는 전체적인 스타일을 잘 살펴보고 얼굴형과 고객의 이미지, 두상의 크기, 목의 길이 및 굵기, 어깨넓이, 머리 스타일에 맞게 볼륨의 위치와 모류의 방향성을 파악한 뒤 모류의 흐름을 어떤 각도로 드라이할 것인지 결정한다. 모근의 드라이가 잘 되지 않으면 시간이 지남에 따라 모근의 무게에 의해 컬이 흐트러지므로 정확한 섹션을 떠서 전체의 스타일을 마무리하고 전체적인 조화와 고객의 이미지에 맞게 시술, 제품 선택도 중요하다. 하고자 하는 스타일의 연출이라든지 숱의 정도에 따라 모발의 볼륨감을 조절하고 격식을 갖추기 위한 행사에 참여하기 위해 모발의 탄력이나 윤기 등을 목적으로 한다. 손상된 모발일지라도 모발을 일시적으로나마 재생할 수 있으므로 각각의 목적에 맞는 스타일을 연출하기 위한 도구는 사용이 적절해야 하며, 모발의 생리적인 건강과 과학적인 측면에서 다루어져야 한다.

4) 블로 드라이의 원리

블로 드라이는 드라이기의 열풍, 온풍, 냉풍을 이용해 일시적으로 모발의 구조에 변화를 주어 스타일링을 형성하는 방법으로 모발 내부의 측쇄 결합 중 수소결합과 염결합에 의한 원리를 이용한 테크닉이다. 수소결합은 모발에서 가장 쉽게 절단되는 결합 조직이며 수분에 의해 간단히 끊어지고 수분이 증발되어 모발이 마르면 다시 재결합된다. 이 모발의 결합이 약해진 틈을 타 드라이어의 열과 바람을 이용해 모발의 수분을 증발시키고, 다시 결합이 이루어지기 전에 롤이나 브러시 등의 도구와 손을 이용하여 물리적 힘을 가해 새로운 형태를 잡아주면서 건조시키면 그 형태 그대로 결합되어 스트레이트나 웨이브가 고정된다. 다른 형태로의 스타일을 형성하기 위해서는 반드시 모발에 적당한 수분을 골고루 공급해 주어야 한다. 샴푸한 모발은 타월 드라이하여 물기를 닦아내고 시술하고, 마른 모발은 분무기를 이용하여 수분을 보충한 후 시술한다. 이때 드라이기의 적정온도는 보통 70℃~90℃ 전후가 적합하지만 웨이브 형태에 따라 모발에 대한 사용 각도나 거리에 따라 온도를 드라이어로 조절해야 한다. 일반적으로 온풍은 웨이브를 만들고 냉풍은 웨이브를 고정시키는 역할을 한다.

① 수소결합

측쇄결합 중에서 산소와 수소 사이의 잡아당기는 힘의 결합인 수소결합은 결합력이 가장 약하며, 열과 수분 공급으로 간단히 절단되고 모발의 수분이 제거되어 건조하게 되면 재결합한다. 물에 젖은 케라틴섬유가 건조 상태에 비해서 쉽게 늘어나고, 건조한 모발은 젖은 모발에 비해 펴기가 더 어렵다. 모발에 물을 가하여 set를 하고 열을 주어 건조시키거나 그대로 건조하면 원래대로 돌아가지 않는 set 유지력이 생긴다. 이는 수소결합에 의해 일시적인 결합과 절단이 이루어지기 때문이라고 볼 수 있다. 드라이 시에 건조 모발보다 젖은 모발에 드라이했을 때 스타일 형성이 쉽고 오래 유지된다.

결합 종류	개쇄	폐쇄	미용과의 관계
수소결합	수분을 충분히 주어 Tension을 준다.	건조 후 Tension을 제거한다.	Water Winding, Air Forming, Setting, Curlyiron, Blow Dry

[수소결합의 원리]

롤에 감기 전 모발	수분이 있는 상태에서 롤에 감았을 때 결합이 깨진 상태의 모발	수분이 건조된 상태에서 결합들이 재결합을 이룬 상태의 모발
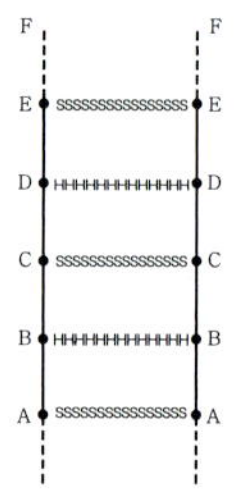	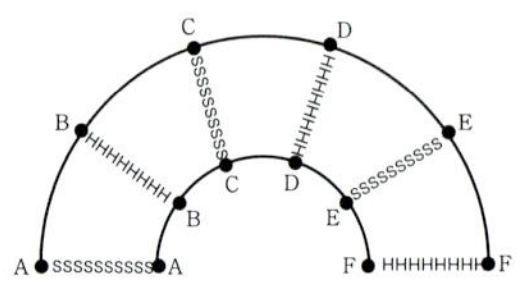	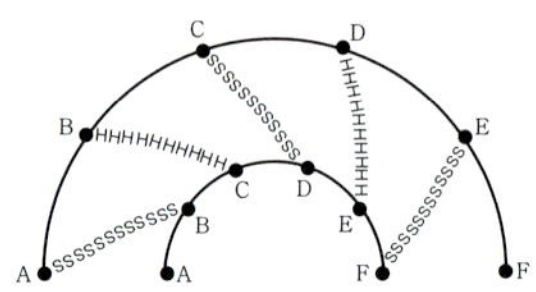

② 염결합

모발은 PH 4.5 ~ 5.5 범위 내의 등전점에서 결합력은 최대가 되고 케라틴은 가장 안정된 상태가 된다. 산이나 알칼리에 의해 PH가 등전점보다 산성 쪽 또는 알칼리성 쪽으로 기운 만큼 결합은 약해진다. 염결합은 모발이 그 등전점에 있는 pH의 범위에 있을 때 강하게 결합하고, 이 등전점에서 멀어지면 pH에 따라 결합력도 약하게 된다. 수소결합과 염결합은 수분에 의해 결합력이 약해져 끊어지므로 이때 텐션을 주어 모발을 롤러에 감아서 건조하면 단백질 고리 사이의 수소결합과 염결합이 재결합되어 새로운 웨이브가 형성되는데, 이와 같은 원리를 이용한 것이 드라이와 세팅이다.

결합 종류	개쇄	폐쇄	미용과의 관계
염결합	pH 4이하 , pH 6 이상 알칼리에 적신다.	pH4~6의 등전대에 가깝게 산성 린스를 한다.	Hair Setting, Permanent wave, Hair Coloring

2. 도구의 종류와 사용방법

1) dryer의 종류

헤어 드라이어는 손잡이와 스탠드식과 벽걸이식이 있다. 일반적으로 핸드 드라이어는 바람이 직접 두피에 향하고, 스탠드식과 벽걸이식은 바람이 회전한다. 기기의 열과 바람을 이용하여 젖은 모발을 건조하거나 헤어스타일을 만드는 데 필요한 기기로 종류는 다음과 같다.

① blow dryer

헤어 드라이어로 모발을 말리는 것과 동시에 스타일링을 할 수 있는 전기용품으로 드라이 롤 또는 브러시를 이용하여 정교한 헤어스타일을 만드는 역할을 한다.

② finger dryer

브러시 대신 손가락을 사용하여 방향을 주는 자연스러운 헤어스타일을 형성하며, 건강한 모발이나 부드러운 머리카락에 자연스러운 흐름을 주고자 할 때 사용되는 기법이다.

③ lamp dryer

적외선 램프를 사용하여 스타일을 형성시키며 트리트먼트된 모발에 윤기를 부여한다. 또한, 열을 발생시켜 두피의 혈행을 촉진시키며 두피제품의 흡수를 돕는다.

④ natural dryer

타월 드라이 후 무스 등을 사용하여 스타일을 만들어 건조하여 자연스러운 스타일을 만든다.

⑤ stand blow dryer

blow type은 소음이 적고 모발이 날리지 않으며 바람 출구가 적으므로 방산되어 건조 속도는 느리고, hood type은 건조 속도가 빠르다. 모발을 건조하거나 헤어스타일을 고정하는 역할을 한다.

2) 롤 브러시의 재질

드라이어를 이용해 스타일링은 열풍을 이용하는 테크닉이므로 브러시는 내연성의 재질이어야 한다. 합성 재질의 빗살이 거친 브러시는 모발의 흐름에 따라 스타일을 만들거나 또한 모발을 건조할 때 사용한다. 천연 재질의 빗살이 조밀한 브러시는 강한 웨이브를 형성하거나 스트레이트 헤어를 만들 때 적합하다. 롤 브러시는 브러시의 두께에 따라서 볼륨을 주기도 하며 모발의 흐름을 변형시켜 웨이브를 만들기도 한다. 롤 브러시의 모들이 촘촘하게 구성되어 있어서 롤에 모발이 잘 감기게 하면 당겨지는 텐션이 잘 걸리므로 축모 모발이나 웨이브 컬을 만들 때 사용된다. 드라이를 할 때는 모질과 모류의 상태를 잘 살펴 브러시를 선정하여 스타일에 맞춰 열풍을 대는 방향과 방법이 달라짐을 알고 열풍과 냉풍을 적절히 사용할 수 있어야 한다. 아래의 소재에 따라 질감 또한 다르다.

① 천연 재질(돈모) : 강한 텐션으로 윤기 있는 웨이브 형성력이 강하며 정전기가 적고, 잘 엉키지는 않지만 빗살이 촘촘하기 때문에 시술 시간이 더디고 특히 웨이브를 만들고자 할 때 초보자는 사용하기 어려우며, 새 롤은 재질이 매우 거칠어 모발에 자국을 내거나 강한 텐션으로 작업이 더딘 단점이 있다. 하지만 롤을 자주 사용하여 길들이면 거친 질감의 모발이라도 잘 엉키지 않아 긴 길이의 모발을 웨이브 드라이할 때 엉키지 않고 정확하게 시술할 수 있다.

② 천연 재질(가시돈모) : 돈모와 나일론 모가 섞여 있으며 빗살 재질은 돈모의 비율이 훨씬 많아 돈모 쪽의 성격이 더 강하며 초보자에게도 적합하다. 돈모와 나일론 재질의 장점을 모두 사용하는 것으로 돈모 사이사이에 섞인 나일론 모가 컬을 낼 때 와인딩 하기 어려운 돈모 롤의 단점을 보완해주며, 시술 시간을 단축해주고 정전기 발생을 억제시킨다.

③ 나일론(plastic) 재질 : 빗살 간격이 넓어서 작업 시간이 빠르고, 텐션이 적어서 주로 롤 스트레이트 또는 스트레이트 펌 마무리에 사용하거나 커트 후 정교한 스타일보다는 자연스러운 스타일로 스타일링 하고자 할 때 사용한다. 즉 약식 드라이에 사용된다. 나일론이나 금속은 소독하기 쉬우며, 열에

잘 견디고 다양한 스타일을 구사할 수 있으나, 롤이 성글기 때문에 정교한 스타일에는 맞지 않으며 텐션 또한 약하다. 또한 잘 엉키므로 긴 머리의 모발에는 웨이브 내기가 어렵고, 정전기가 일어나 모표피 박리가 쉬워 모표피 손상이 될 수 있고, 다른 재질보다 윤기가 적으며 빗살 끝이 마모되는 단점이 있다. 특히 초보자는 머리카락 엉킴에 주의한다.

④ 금속성(metal) 재질 : 돈모와 같은 역할을 하나 알루미늄 바디에 세라믹 코팅되어 있어 열전도율이 강하다. 나무 브러시에 비해 드라이어의 열을 오래 유지되고 시술 시간이 단축되지만, 모발 손상으로 인한 건조의 우려와 견고성에서는 돈모보다 수명이 약하다. 초보의 경우 열 조절이 서투르면 금속 부분이 지나치게 뜨거워져 모발을 상하게 하거나 금속이 고객의 피부에 닿으면 데일 수도 있으므로 주의해야 한다.

[가시 돈모]

[돈모]

[플라스틱 재질(가시모)]

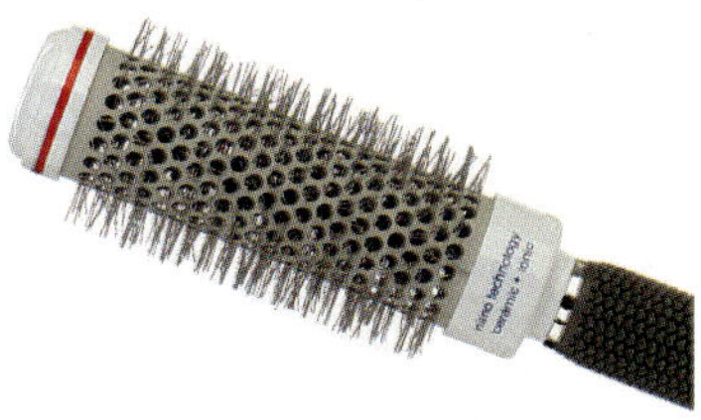

[금속성 재질]

3) 롤 잡는 방법

손목에 힘을 빼고 엄지와 검지로 롤을 돌리고 나머지 손가락으로 롤의 지지대 역할을 하면서 롤에 힘이 들어가서 텐션을 주면 모발의 볼륨도 형성되고 매끈한 스타일이 나온다. 롤을 손바닥과 손가락으로 자연스럽게 잡고, 드라이어의 노즐을 롤 브러시의 가운데 부분에 대어주고 열풍을 시술자를 향하게 해 45° 정도 기울여 모발을 직접적으로 눌러주지 않도록 주의한다. 모발이 무리하게 눌리면 모발이 화상을 입거나 자국이 생기기 때문이다.

4) 블로 드라이할 때 주의사항

드라이어의 송풍구와 브러시는 약 1cm 정도 거리를 두고 스타일링 한다. 브러시의 이동에 따라 드라이어로 적당한 간격으로 브러시를 따라 가도록 한다. 송풍구로 브러시 위에 놓인 모발을 직접 누르며 시술할 경우 불필요한 텐션 및 직접적인 가열에 의해 큐티클층의 손상을 초래할 위험이 높다. 슬라이스 폭은 2~3cm를 뜨고 가로와 세로의 폭은 브러시의 폭보다 약간 좁게 뜬다.

5) 드라이와 롤의 각도

커트된 스타일이나 퍼머넌트 웨이브의 정도에 따라 드라이와 롤의 각도는 드라이 스타일에 따라 좌우한다.

① 0° 에서 90° 사이는 머리를 곧게 스트레이트로 펴고자 할 때 사용하는 각도로써, 모발이 흩어지는 것을 방지한다. 스트랜드(strand)와 평행하게 바람 출구를 대고 모발이 흩어지는 것을 방지하고 머릿결을 정리하는 드라이를 한다.

② 90° 에서 180° 사이는 볼륨을 내고 싶은 부분이나 또는 롤에 말아진 머리 면의 탄력을 주고 싶을 때 사용하는 각도로 모발 끝을 안정시켜 라인을 만든다.

③ 180° 에서 360° 사이는 머리 끝에 둥그스름한 탄력을 주고 이미 감겨져 있는 머리 면에는 일정한 열의 전달로 탄탄한 컬을 얻기 위해서 밑에서부터 주는 하프 웨이브(half wave)나 풀 웨이브(full wave)를 만드는데 사용되는 각도이다.

[두상에 따른 롤과 드라이의 위치]

톱(Top)　골덴(Golden)　백(Back)　네이프(Nape)

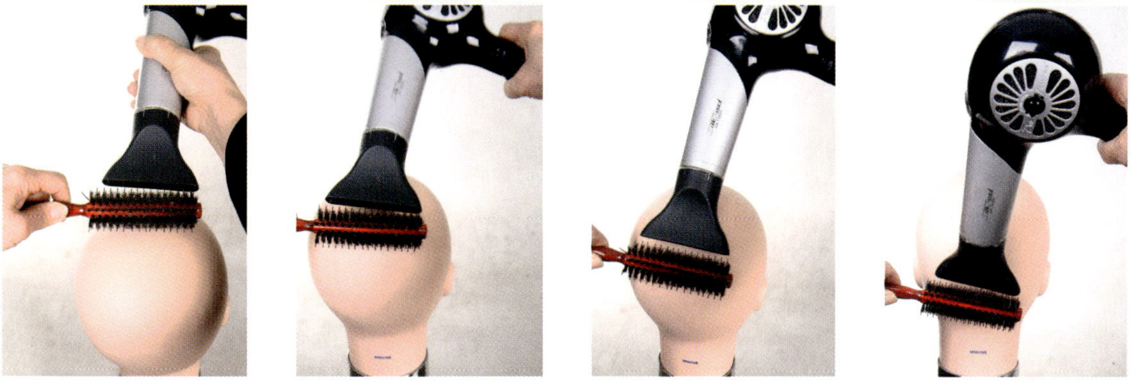

3. 헤어 브러싱

머리를 손질하거나 마무리하는 데 쓰는 브러시의 재질은 멧돼지털, 돼지털, 염소털, 고무, 나일론, 철사 등이 있다. 브러시를 이용한 시술은 커트된 형태를 살펴서 자연스러운 웨이브를 만들어 모발에 변화를 줄 수 있다. 또한, 웨이브를 내지 않고 간단하게 스타일을 마무리하거나, 남성 커트 후 빗살 사이가 넓은 브러시로 자연스러운 스타일의 모발의 흐름을 만들 때 많이 사용된다.

1) 브러싱의 목적

각종의 브러시를 사용하여 모발을 드라이어로 건조하고 핸드 드라이어 등의 바람으로 엉켜 있는 모발을 가지런히 풀어주고 먼지를 제거한다. 모발 뿌리에서 끝으로 브러시를 규칙적으로 시술하면 모발에 있는 피지를 모발 끝으로 옮기는 역할을 하여 모발을 윤택하게 하고, 두피 마사지 역할을 해서 혈액순환을 유도하므로 모근에 영양을 공급해주고 건강한 모발성장을 돕는다.

2) 브러시의 재질

① 원목

원목은 두피와 모발에 좋은 소재로 특히 밤나무 재질은 혈액순환을 도와 모근을 건강하게 해줘 브러시 소재로 널리 쓰인다.

② 돈모

돼지털로 만든 천연 모로 머릿결에 윤기를 준다. 두피와 모발의 노폐물을 제거해 지성피부나 탈모가 시작된 두피에 좋다.

③ 플라스틱

가장 저렴하고 흔해 쉽게 사용하지만 모발이 매우 건조한 경우 정전기를 유발하므로 사용 시 주의해야 한다. 되도록 핀이 적은 굵은 빗을 사용한다.

④ 금속

쇠 재질이라 두피에 자극이 없고 시원함을 주며 정전기 발생률이 적고, 가는 핀이 원목처럼 딱딱하지 않아 탄력이 있다. 자주 엉키는 모발의 경우 핀이 쉽게 휘어지므로 탈모를 방지할 수 있다.

⑤ 고무

가정에서나 미용실에서 일반적으로 사용되며 특수 재질을 사용하여 편하고 사용감이 좋으며 내구성이 뛰어난 장점이 있다.

[원목 재질의 라운드 브러시]

[돈모 재질의 사각 브러시]

[플라스틱 재질의 S브러시]

[금속 재질의 핀 브러시]

[고무 재질 브러시]

3) 브러시의 종류

① 라운드 브러시(Round roll brush)

모발에 볼륨, 방향성 있는 웨이브, 강한 컬, 유연함을 주기 위해 사용한다. 크기에 따라 대, 중, 소로 나눈다.

작은 롤 브러시	짧은 모발에 방향성을 결정해 주거나 강한 컬 웨이브를 만들 때 사용되며, 긴 모발에서도 컬링 웨이브에 많이 사용된다.
중간 롤 브러시	자연스런 C컬을 얻고자 할 때나 짧은 모발에 볼륨을 형성하거나 중간 길이의 모발에 사용한다. 모근에 볼륨을 주거나 웨이브에도 사용되어 활용도가 가장 높다.
큰 롤 브러시	롤 브러시의 모들이 촘촘하게 구성되어 있어서 롤에 모발이 잘 감기게 하면 당겨지는 텐션이 잘 걸리므로 축모모발이나 웨이브 컬을 스트레이트로 펴고자 할 때 많이 사용되는 롤 브러시로 텐션을 주기 쉽고 모발의 면을 정리하는 등의 최소한의 볼륨을 형성해 모발의 흐름을 만들 때 사용한다.

② 스켈톤 브러시(Vent brush)

갈비뼈 모양으로 몸통에 구멍이 나 있는 빗살이 듬성한 브러시로, 모발을 건조함과 동시에 짧은 모발 모근 부분의 볼륨감을 형성하는 데 좋다. 남성 스타일이나 쇼트 스타일에 자연스러운 스타일을 시술하고자 할 때 사용한다.

③ 하프 라운드 브러시(Denman brush)

반만 둥근 브러시로 가늘고 약한 서양인의 스트레이트 모발에 자연스러운 볼륨감을 형성하기에 적당하다. 열에 강하며, 모발의 모근을 살려주는 볼륨감을 형성시키는데 사용된다. 모발 끝에 부드러운 컬과 안말음 컬을 만들 수 있어 가장 많이 사용되는 브러시로써 모발에 윤기와 부드러움을 준다.

④ comb dryer

드라이어의 본체 가운데에서 나누어진 노즐 부분에 빗살로 된 comb brush를 연결하여 사용한다. 빗살이 곱게 연결된 브러시로써 볼륨이 필요 없는 스타일을 만들 때 사용한다.

⑤ s형 브러시(일반적인 빗)

방향성을 살린 헤어스타일을 정돈할 때 적합하다.

[벤트 브러시(양면)]

[벤트 브러시(단면)]

[덴멘 브러시]

[comb dryer]

4) 브러싱을 할 때 주의사항

블로 드라이 스타일 연출 시는 반드시 모발에 관한 기초적 이론을 잘 이해하여 물리적 차원을 고찰하지 않으면 스타일 연출에 어려움이 따른다. 그러므로 모발의 특성을 파악하고 블로 드라이의 열에 관한 고찰을 하여야 한다. 모발의 모질, 모발, 모류의 상태를 파악하고 브러싱 도구를 선정하고 상황에 따라서 드라이어의 열을 대는 방향과 브러시의 움직임을 함께 한다.

- 아침에 일어난 후 헤어 브러싱

모발을 감기 전에 모발을 브러싱하면 두피를 자극하므로 혈행이 촉진되어 모근을 건강하게 한다.

- 잠들기 전 헤어 브러싱

잠들기 전 모발을 샴푸할 수 없다면 먼지나 이물질이라도 브러싱해준다. 모발을 스타일링하기에는 아침에 샴푸하는 것이 좋지만, 두피를 위해서는 저녁에 샴푸하는 것이 좋다.

- 젖은 머리엔 굵은 빗살의 빗 사용

머리가 젖어 있을 때는 머리카락이 잘 늘어나 끊어지거나 엉키기 쉬워 손상을 유발하기 쉽다. 헤어가 젖어 있는 상태에서 빗질은 굵은 빗을 사용하는 것이 좋다.

4. 블로 드라이의 중요 요소

1) 습도(humidity)

적당한 수분이 있는 상태에서 드라이를 시작하여 드라이를 끝난 후에는 모발 자체의 수분이 10% 이상이 남아 있어야 한다. 수분이 없는 건조한 상태에서 드라이를 하게 되면 드라이가 잘 되지 않고 드라이 후에 남아 있어야 할 모발 자체의 수분이 건조되어 모발 손상의 원인이 된다. 또한, 드라이할 모발에 수분이 많으면 모발이 늘어져 작업 시간이 길어지고 지속적인 드라이 열과 젖은 모발에 브러시로 인한 텐션이 모발 손상을 초래한다. 그러므로 샴푸 후의 드라이 시작 시 두피부분은 건조하고, Nape 부분을 드라이하는 동안에 외부적인 환경과 두피의 열로 인해 Front 부분은 자연 건조되기 때문에 두상의 위치별로 수분 조절을 해야 한다. 모발이 건조한 상태에서 드라이를 한다면 두상의 위치에 따라 적당량의 수분을 보충해서 모발의 손상에 주의해야 한다. 또한, 모발이 건조하면 정전기 발생으로 인해 모발이 손상되며 작업 시간이 늦어지고 원하는 스타일링을 하기가 힘들기 때문이다. 만약 반대로 수분이 너무 많으면 모발에 전해지는 열전도율이 빨라 더 뜨겁게 유지되어 손상되고 또한 스타일 내기도 어렵다.

[모발의 손상도에 따라 필요한 적당한 수분량(%)]

<table>
<tr><th>구분/종류</th><th>모근부</th><th>모간부</th><th>모선부</th><th>모발 한 가닥의 부위별 명칭</th></tr>
<tr><td>염색모, 극손상모</td><td>10%</td><td>35%</td><td>50%</td><td rowspan="3">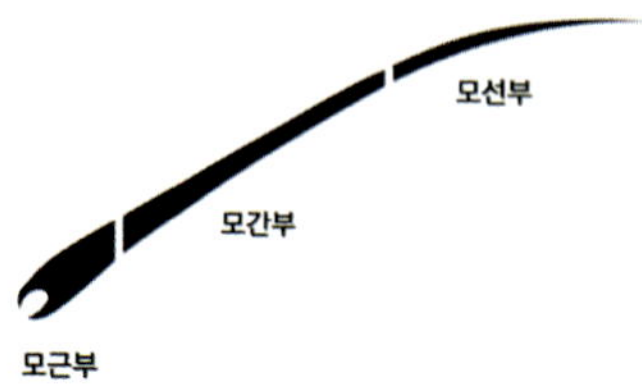
</td></tr>
<tr><td>웨이브모, 손상모</td><td>10%</td><td>25%</td><td>40%</td></tr>
<tr><td>스트레이트모, 정상모</td><td>10%</td><td>15%</td><td>30%</td></tr>
</table>

[모발의 함수량과 탄력성의 한계]

상태	수분함량	늘어나는 정도
보통 건조된 모발	10~15%	20~30%
젖은 모발	30%	50~60%
파머넌트 웨이브 용액에 젖은 모발	30%	70% 손상

모발을 건조하는 방법은 샴푸 후 타월 드라이한 상태에서 Nape의 모근, Back, Side, Top로 진행한 후 Style에 맞게 적정량의 수분을 남기고 말린다. 모근-90%, 모간-85%, 모선-80% 정도의 10~15%의 수분을 남긴다.

2) 텐션(Tension)

모발의 윤기를 부여하고 모발의 형태를 오래 유지하는데 온도와 함께 필요한 요소가 텐션이다. 젖은 모발과 마른 모발 모두 신축성이 있어 늘어나기 때문에 너무 당기면 모발이 손상되고 모발을 적당히 당기지 않으면 매끄러운 느낌이 표현되지 않는다. 모발을 윤기 있게 드라이하기 위해서는 모발에 고르게 힘이 전달될 수 있도록 적절한 롤 브러시를 회전해야 텐션이 주어진다. 모발에 텐션이 균형 있게 들어가야 브러시에 모발이 엉키지 않는다. 롤 브러시를 사용할 때 모발이 롤에 끼어 잘 빠지지 않을 경우에는, 롤 브러시를 회전 반대 방향으로 반 바퀴 풀어서 빼 주어야 한다. 모발이 젖은 상태에서는 모발이 늘어나 잘 빠지지 않을 수 있으므로 그 상태에서는 모발을 완전히 건조한 후 빼야 한다. 그 후 다시 물을 분사하여 그 부분을 드라이한다. 엄지와 검지손가락의 안쪽 면으로 롤을 돌리고 나머지 손가락 안쪽 면으로 롤의 지지대 역할을 하면서 롤에 텐션을 주면 드라이 볼륨이 형성되고 매끈하며, 고른 열전도로 인하여 윤기 있는 스타일이 나온다. 모선부분은 특성상 텐션이 잘 주어지지 않는 곳이므로 손을 이용한 텐션으로 드라이해야 하며 모표피의 손상도를 꼭 체크하여야 한다.

3) 온도(Temperature)

블로 드라이 스타일링 시 드라이어의 열이 고온일수록 손쉽게 모발에 변형을 줄 수 있지만, 모발의 수분 량이 과도하게 건조되면 모발이 거칠어지고 윤기를 잃기 쉽다. 드라이 시술 시 적절한 온도는 거리와 각도에 따라 다르나 보통 90℃ 전후가 적당하다. 100℃일 때 모발의 성질이 변화되어 손상되기 시작하며 130℃에서는 모발이 타고 변형을 일으키며 모발이 다갈색으로 변하면서 타고 모피질 및 모수질이 기포가 생기기 시작하여 탄력을 잃기 시작한다. 190℃에서는 모발이 연소되며, 특히 250℃로 열을 가하면 모표피는 녹게 된다. 또한, 블로 드라이는 열풍과 냉풍을 모두 사용할 수 있도록 제작되어 있으므로 웨이브의 형태를 만들 때는 온풍을 이용하여 모발을 연화시켜서 모발에 롤 회전 테크닉을 이용하여 표정을 만들고 냉풍으로 고정하면 시간도 절약되고 컬의 지속력이 높아지며, 모발에 윤기도 부여되어 스타일링의 시술을 용이하게 할 수 있다. 블로 드라이 스타일링 시 드라이어의 열이 지나칠 경우, 모발의 수분량이 과도하게 소비되어 모발이 거칠어지게 되고 윤기를 잃기 쉽기 때문에 주의한다.

4) 속도(Speed)

드라이어 작업 시 빠른 속도를 내기 위해 헛손질을 여러 번 반복하는 것은 아무 의미 없는 행동으로, 시술자의 노동력과 모발의 마찰을 더 많이 유도하게 되는 결과를 가져와 모발 손상의 원인이 될 수도 있다. 따라서 적당한 속도를 유지해주는 것이 중요하다. 모발의 윤기와 매끈함을 표현할 때, 곱슬모나 손상모를 할 경우 웨이브의 형태를 만들 경우에는 느린 속도로 해야 정확하고 빠르게 완성할 수 있다. 모발의 흐름을 정리하기 위해 행하는 드라이는 빠르게 진행하는 반면, 모발의 윤기를 내기 위해 행하는 브러시 회전은 천천히 여유 있게 시술한다. 드라이어의 열에 의해 모발이 연화되어 있는 상태이므로 불필요한 브러시 회전은 삼가고 정확하고 큰 원운동을 유지한다. 드라이 시 '뜸 들인다' 는 표현은 '서서히 익힌다' 또는 '서서히 식힌다' 이다.

5) 패널의 폭

모발의 폭을 수평이나 수직으로 나눌 경우 섹션 넓이가 브러시 길이의 80%가 되도록 한다. 패널의 두께는 원하는 디자인, 모발의 굵기, 스트랜드의 양, 손상도 등이 브러시의 크기와 관계가 있는데 일반적으로 브러시의 지름과 패널의 두께는 같게 잡는 것이 작업하기에 용이하다. 단 브러시가 크거나 많은 볼륨을 원할 경우에는 패널의 두께를 브러시의 두께보다 얇게 하여야 한다.

6) 각도(angle)

커트, 펌, 드라이 등의 미용 테크닉에 있어서 각도의 개념을 이해하는 것은 매우 중요하다. 사람의 두상은 둥근 구의 모양을 띠고 있으므로 두상의 위치에 따라 각도가 달라지기 때문에 각도의 개념을 잘 이해하고 있어야 한다. 모근 쪽의 드라이 시 스타일 구성에 필요한 볼륨을 감안하여 브러시의 접근 각도를 설정한다. 일반적으로 두상의 형태에 따라 45°, 90°, 120°로 구분된다. 볼륨을 얻고자 할 때는 모근의 방향과 두상의 각도를 파악해야 한다.

- 45°

뿌리 쪽의 볼륨이 불필요한 부분이나 머리숱이 많아 지나치게 많은 볼륨을 다운시킬 때 사용된다. 모발의 흐름을 정리하고자 할 때 네이프 라인(Nape Line) 아래선에서 주로 사용된다.

- 90°

가장 기본적이고 편안한 볼륨을 주며 펴고자 할 때 주로 사용된다. 보통 골덴 포인트(Golden Point)와 백 포인트(Back Point) 사이의 드라이 시 사용된다.

- 120°

뿌리쪽의 볼륨을 가장 많이 줄 수 있는 각도이다. 두상이 유난히 다운되거나 머리숱이 적은 부분의 볼륨을 줄 때 사용하는 각도로 주로 톱 포인트(Top Point)와 골든 포인트 사이에서 많이 사용된다.

각도	110° 이상	90° 이상	60° 이하
위치	전두부, 두정부	두정부	네이프
장점	볼륨을 살릴 수 있다.	평균적인 볼륨감을 얻을 수 있다. 모류 교정도 적당히 가능하다.	모선부의 방향성이 좋다.
단점	모선 끝의 방향성이 없다.		볼륨감을 높일 수 없다.
비고	패널을 들어 올리는 각도가 140° 이상일 경우 오히려 볼륨의 강도가 감소된다.		

[두상에 따른 드라이어의 노즐의 방향]

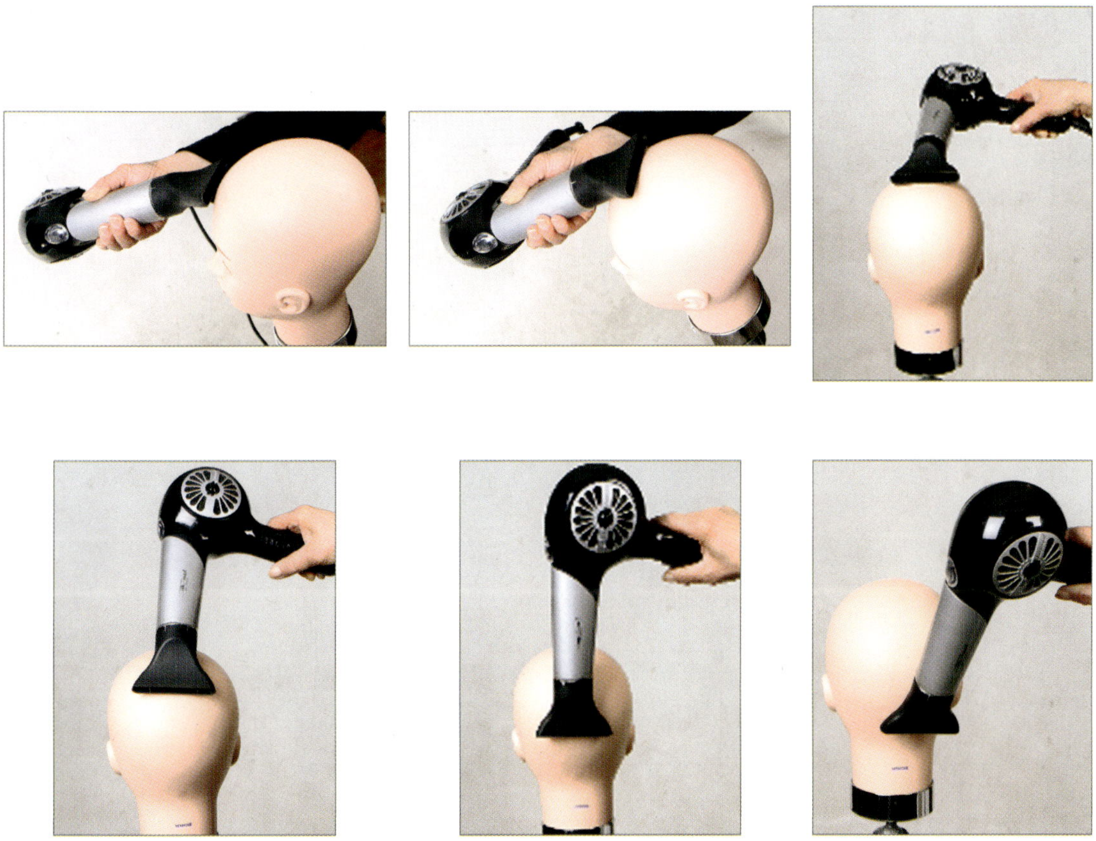

5. 블로 드라이어

1) 드라이어의 각부 명칭

① 노즐(nozzle) : 노즐은 디퓨져와 마찬가지로 드라이어의 바람이 나오는 드라이어의 출구에 끼워져 사용되며, 노즐을 끼우게 되면 둥글게 퍼져 나오던 드라이어의 바람이 노즐의 형태대로 집중적으로 모아지므로 웨이브의 방향을 변화시키거나 웨이브의 형태를 명확하게 표현하고 싶을 때 사용되며, 모발의 한 부분에만 부분적으로 스타일링 하고자 할 때 효과적이다. 드라이어의 노즐을 잡으면 바람의 방향을 쉽게 조절할 수 있어 인위적이고 고정된 형태의 스타일을 완성할 때 사용하는 방법이다.

② 바디(boddy) : 드라이어의 몸통 부위로 안쪽에 니크롬선이 있어서 열을 만드는 역할을 하는 부위의 외부이다.

③ 팬(fan) : 작은 프로펠러 형식의 팬으로 모터에 의해 바람 만드는 역할을 한다.

④ 컨트롤러(controller) : 열풍, 온풍, 냉풍, 정지 등의 바람 조절 장치로 핸들 부위에 일반적으로 부착된다.

⑤ 핸들(handle=grip) : 드라이어의 손잡이인 그립을 잡고 드라이를 할 때는 일반적인 블로 드라이나 스트레이트 스타일을 완성할 때 사용되는 기본적인 드라이 쥐는 방법으로 모발 전체의 흐름을 바꾸거나 새로운 흐름을 만들고 싶을 때도 이 방식을 선택하게 된다.

⑥ 디퓨저(diffuser) : 디퓨저는 드라이어 본체 가운데에 있는 노즐 부분에 끼워 사용한다. 바람이 나오는 원통형 디퓨저로 드라이에서 나오는 바람의 방향을 넓게 퍼지게 해서 자연스러운 바람으로 적외선 열을 방출시키기도 하며, 이 바람으로 인하여 스타일을 잡아주는 드라이어의 부속품이다. 커다란 원통의 노즐에 조그만 구멍을 여러 곳에 내어 자연스러운 바람으로 인해 컬이 있는 모발에 사용하면 스타일 자체가 헝클어지지 않고 퍼머넌트 웨이브의 컬을 그대로 유지하면서 자연스럽고 풍성한 볼륨감을 줄 수 있으며, 모발 표면과 모선 부분의 지나친 건조를 방지한다.

[디퓨저]

[디퓨저가 장착된 드라이어]

2) 드라이어의 구조

드라이어의 구조는 조작 스위치, 팬, 니크롬선, 과열 방지 스위치로 구성되며 스위치는 3~4단으로 조작되고 열풍, 온풍, 냉풍 등의 제어하는 버튼의 신호에 따라 변환하여 작동된다. 스위치를 조작하면 팬과 니크롬선을 작동시키고, 팬은 니크롬선에서 데워진 열을 밖으로 내보내지며, 니크롬선은 열을 발생시킨다. 과열 방지 스위치(바이메탈 스위치)는 팬의 고장으로 니크롬선의 과열을 방지하여 화재를 예방한다. 또한, 바이메탈 스위치는 일정한 온도가 되면 휘어지는 기능의 바이메탈 소재를 이용하여 일정 온도 도달 시 전원이 차단되어 온도를 유지할 수 있다.

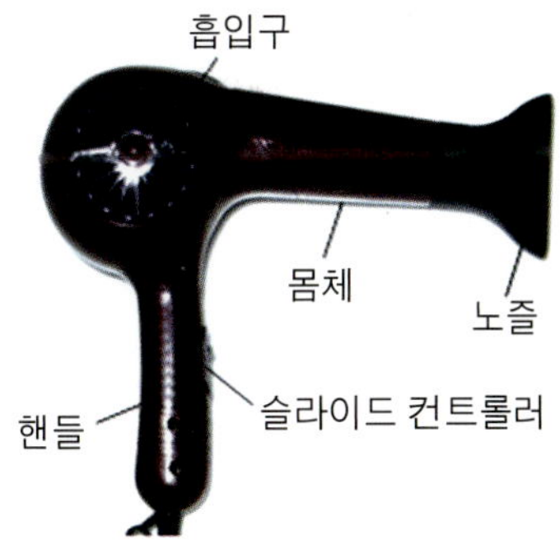

[드라이어의 구조]

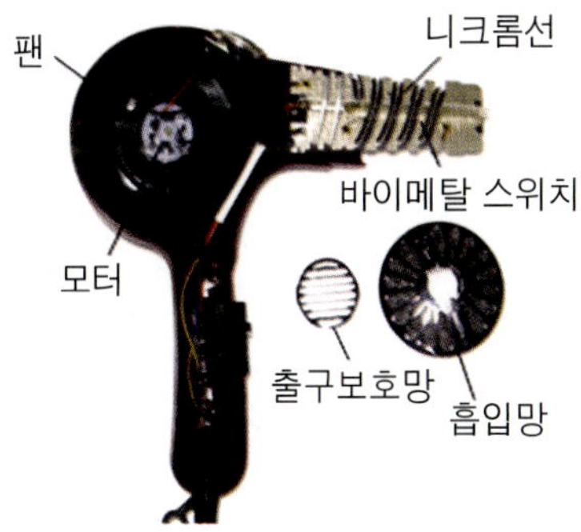

[드라이어의 내부 구조]

3) 블로 드라이어 쥐는 법

손의 유동성으로 슬라이드 스위치를 작동할 수 있고 각도 조절과 상하로의 움직임이 쉬운 손잡이 부분을 잡고 시술하는 방법과 드라이어를 잡는 팔에 무리가 적은 노즐 부분을 잡고 하는 방법이 있다. 드라이어 쥐는 방법은 평상시 작업하는 습관에 의해 정해지기도 한다. 드라이기는 떨어뜨리지 않도록 주의해야 하며 브러시나 모발에 드라이기의 바람을 바짝 붙이면 브러시의 변형을 일으키고, 모발을 태우거나 바람의 출구가 막혀 드라이기의 열선에 무리를 가져다준다.

① 손잡이를 잡는 방법

드라이어의 무게를 덜 느낄 수 있는 전통적인 방법으로 모발을 건조하거나, 나선형의 컬 형성, 스트레이트 스타일 등에 쓰인다. 드라이어 무게와 어깨와 모발의 수평 유지로 인해 어깨에 힘이 많이 가해져 쉽게 지칠 수 있지만, 드라이어를 처음 배우는 초보자는 이 방법을 먼저 익힌 후 노즐 부분을 잡는 방법을 사용하는 것이 좋다.

② 노즐 부분을 잡는 방법

드라이어의 사용이 충분히 익숙해진 후 사용하며, 이 방법은 어깨와 손가락에 무리가 적어 직접적인 열풍을 가해 정교한 컬 형성, 모발의 흐름 전환, 스트레이트 스타일 형성 등에 충분한 열을 가할 수 있다. 그러나 노즐을 잡고 있는 손가락에 열이 많이 전해져 화상을 입을 수 있으므로 주의한다.

드라이를 할 때 핸들을 잡는 경우는 핸들에 부착되어 있는 냉·온풍(강, 약) 스위치를 조작하기 편리하다. 특히 모발이 뜨거울 때 손으로 잡으면 손에 화상을 입거나 손에 의해 원하지 않는 형태가 생길 수 있다. 이 방법은 드라이어의 몸통에 열로 인해 뜨거워진 모발을 펼쳐 놓아 열을 식혀 모발의 손상을 방지할 수 있으며 스트레이트로 머리를 펼 때 주로 사용한다.

드라이를 할 때 드라리어의 몸통을 잡는 경우는 웨이브를 내고 싶은 부분이나 또는 모발의 표면의 탄력을 주고 싶을 때 드라이어를 잡는 방법이다. 몸통 부분을 잡아 온도 조절 스위치를 조절하기는 불편하지만 섬세한 웨이브의 형태를 만들거나 정수리 부분의 볼륨을 줄 때 작업하기 편리하다.

4) 블로 드라이 시 주의사항

블로 드라이로 스타일링이 안 되는 경우

- 때, 먼지가 있어 원하는 방향대로 롤링이 안 되는 모발
- 과도한 피지분비로 인해 기름기가 많은 모발
- 드라이어는 사용 중이거나 보관 중에도 떨어뜨리지 않아야 오래 사용 할 수 있다.
- 드라이어의 바람과 롤 브러시나 헤어에 적당한 간격을 유지하여 롤 브러시의 변형과 함께 모발이 타지 않게 주의한다.
- 드라이어의 바람이 통하는 출구를 과도하게 막으면 드라이어의 모터에 무리를 가져다준다.
- 지나친 버진 헤어는 롤을 바꿔가면서 행한다.
- 린스, 트리트먼트제의 헹궈지지 않았거나 과도하게 많이 도포했을 경우의 모발을 다시 샴푸 후 드라이한다.

블로 드라이 시 주의사항

- 블로 드라이어의 바람이 나오는 송풍구는 고객의 두피, 얼굴, 목으로 직접적으로 향하지 않게 한다.
- 블로 드라이어를 두피에 바짝 대지 않도록 하여 두피에 화상을 미연에 방지한다.
- 드라이어의 줄 코드가 고객의 어깨나 얼굴 등의 신체나 옷에 닿지 않도록 한다.
- 드라이 시술 전에 모발에 습기가 너무 많으면 블로 드라이의 효과가 반감되므로 모발에 적당한 수분을 모발에 유지시켜 드라이해야 하며, 끝난 후에도 모발의 수분을 10% 이상 유지하도록 한다.
- 고객이 하고자 하는 스타일이 결정되면 고객이 지루하지 않도록 숙달된 테크닉으로 신속, 정확하게 작업한다.
- 사전 준비를 하면서 고객의 가지고 있는 모류 방향, 모질, 모량 등을 체크하여 열 조절을 해야 한다.
- 드라이 시작 전과 시술이 끝난 후에 모질에 맞는 헤어 제품을 사용하여 모발의 손상을 예방해야 한다.

- 모발의 양이 적으면 힘을 덜 받고, 반대로 양이 많으면 각도가 일정하지 않을 수 있음으로 모발의 양은 적당히 조절해야 한다.
- 섹션을 정확하게 하여 롤이나 브러시를 사용할 때 주변의 머리카락에 따른 당김의 자극을 주지 않도록 한다.
- 드라이 과정 중 섹션을 뜰 때 엉키지 않게 모발을 정리한 후 브러시를 회전하여 시술한다.
- 드라이어의 뜨거운 바람의 방향은 두피에서 모발의 끝으로 향하게 하며 바람은 브러시의 절반 위쪽에서 앞뒤로 흘러야 한다. 바람의 방향은 뜨거운 공기와 그 흐름이 같으며 모발이 말려 감긴 방향과도 같다. 고객의 두피가 화상을 입지 않도록 항상 드라이어의 방향에 주의해야 한다.
- 드라이어로 브러시 위에 놓인 모발을 직접 누르게 되면 불필요한 텐션 및 직접적인 가열에 의해 모발에 자국이 남아 스타일링 시 마무리가 매끄럽지도 않고 모발에 직접적인 손상을 줌으로 무리한 시술은 하지 않도록 한다.
- 스타일링은 모발의 열이 충분히 식은 후에 내도록 한다. 자연적으로 식히거나 드라이어의 냉풍을 이용하여 열을 식혀준다.
- 버진헤어는 모발의 끝쪽은 부드러운 텐션이 잘 주어지지 않는 곳이므로 드라이어를 잡은 손을 이용하여 감아주거나 정리해 줘야 한다.
- 특히 드라이에 의한 손상으로는 물리적 손상을 입힐 수 있으므로 주의한다.

5) 블로 드라이의 장점과 단점

장점

- 드라이 완성 후 스타일이 자연스럽다.
- 모발에 윤기가 있고 텐션이 좋다.
- 웨이브의 볼륨을 브러시를 이용하여 디자인하는 대로 줄 수가 있다.
- 웨이브를 원할 때 1회용 시술이어서 심리적인 부담이 없다.
- 스트레이트, 안말음, 겉말음, 쇼트, 웨이브 드라이 등 어떤 스타일에도 드라이가 가능하다.

단점

- 모발 한 곳에 집중적으로 가열을 하였을 때는 모발을 손상시킬 수 있다.
- 매직 드라이에 비해 열풍 드라이는 연습이 많이 필요하다.
- 정확한 시술이 되지 않았을 때는 모발이 푸석거릴 수가 있다.
- 모발의 손상이 심하면 매직 드라이에 비해 효과가 떨어질 수도 있다.
- 한 번에 스타일을 만들어 내야 하며 계속해서 열풍을 가하면 스타일링이 되지 않고 완성되었더라도 웨이브가 자연스럽지 않으며 쉽게 풀리게 된다.

5. 블로 드라이 시술

드라이를 할 때에는 너무 가깝거나 떨어져 있으면 작업 자세가 바르지 못하여 좋은 스타일을 만들어 낼 수 없으므로 고객과 적당한 거리를 유지한다. 좋은 자세는 정확한 기술을 연출해 줄 뿐만 아니라 습득되는 속도 또한 빠르고, 편안하고 무리 없는 자세는 건강한 신체를 유지한다.

1) 블로 드라이어 잡는 기본 자세와 방법

시술에 임하는 자세로서 고객(client)과의 거리는 25~30㎝ 거리에서 곧은 자세로 팔의 움직임에 의해 작업을 시작한다. 양쪽 발을 어깨 넓이보다 조금 좁게 자연스럽게 벌리고 한쪽 발은 앞으로 약간 내밀어 무게 중심을 발에 둔 상태에서 균형된 동작을 취하고, 눈으로 모발을 보며 적당량의 패널을 떠서 브러시 위에 두고 위쪽으로 드라이어의 열풍을 대면서 각도를 서서히 낮추면서 움직인다. 이때 브러시는 섹션과 평행이 되도록 패널 아래에 넣어주고 시술자의 손과 어깨도 섹션과 평행에 가까운 자세를 취하며 모발 끝까지 열을 적당히 주어 모발이 날리지 않게 드라이한다. 팔 동작은 어깨보다 높이 올라가지 않도록 하며 허리는 굽히지 않으면서 팔 동작으로 움직임을 준다.

2) 블로 드라이 시술 시의 준비 동작

고객의 전반적인 스타일을 알고 목적을 확인한 후 가장 어울리는 자연스러운 스타일로 스타일링한다.

① 케이프를 착용시킨 후 타월을 케이프 위에 걸친다.

② 모발에 분무기를 이용하여 물이 스며들 수 있도록 물을 분무한다. 분무 후에는 타월로 모발 표면의 흐르는 물기를 닦아낸다. 이때 모근 부위에 모발이 꺾여 있으면 모근 가까이에 분무하여 모발의 흐름을 잡아주고 모선과 모간 위주로 분무한다. 만약 샴푸 직후라면 모발을 적당히 건조하여 시작한다.

③ 드라이 전에 모발 보호제를 도포한 후 드라이하면 모발의 손상을 줄이면서 드라이할 수 있다.

④ 고객의 얼굴 형태에 따른 스타일링을 위해서는 모발의 흐름에 맞는 블로킹과 파팅을 나눈 후 빗질하여 드라이한다. 적당한 습도를 위해 수분이 부족하면 분무기를 이용하여 수분을 보충해주고, 수분이 많으면 드라이로 건조해가면서 모량, 모류, 볼륨의 강약을 조절하며 스타일링 한다.

⑤ 드라이어를 사용한 과도한 스타일링을 할 경우는 건조하고 모발 끝이 갈라는 현상과 함께 탄력이 없는 상태 등의 모발 손상이 온다. 그러므로 모발에 윤기를 주기 위해서는 지속적 관리가 이루어져야 한다.

3) 헤어 파팅

고객의 얼굴형에 어울리는 방향이나 고객이 원하는 스타일을 디자인하기 위해 모발을 나누는 것으로 얼굴형의 단점을 보완해 주고 장점을 강조해 주는 역할을 한다. 헤어스타일을 만들 때 얼굴형, 유행성, 모발의 흐름, 머리 스타일의 형태, 자연적인 가르마 등을 고려하여 모발을 나눌 수 있다.

센터 파트(center part) : 앞가르마라고 하며, 전두부 헤어라인 중앙부터 두정부를 향해 직선으로 나눈다. 이마가 넓고 턱이 좁은 얼굴형인 역삼각형 얼굴에 잘 어울린다. (5:5 비율)

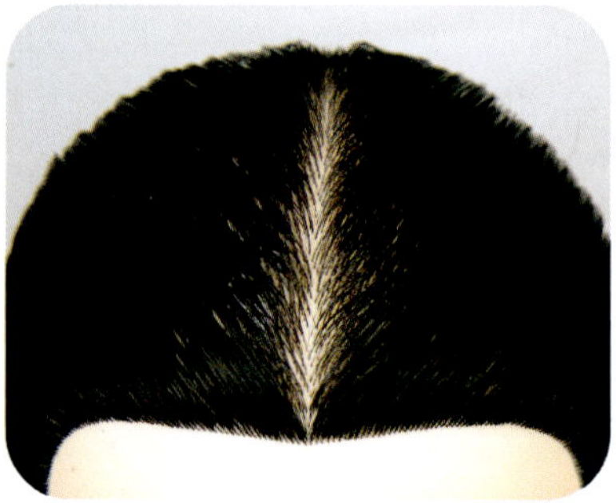

사이드 파트(side part) : 옆가르마라고 도 하며, 라이트 사이드 파트(right side part)와 레프트 사이드 파트(left side part)가 있다. 전두부와 한쪽 측두부를 구분하는 경계선의 앞 헤어라인 지점으로부터 뒤쪽을 향해서 반듯하게 직선으로 나눈다. (6:4 비율, 7:3 비율, 8:2 비율)

라운드 사이드 파트(round side part) : 각이진 얼굴형에 잘 어울리며 사이드 파트(side part)가 곡선상으로 골든 포인트를 향해 라운드로 둥그스름한 느낌을 살려 나눈 파트이다.

노 파트(no part) : 헤어 디자인의 목적에 따라 파팅을 하지 않는 경우도 있으며 이를 노 파트라고 한다.

스퀘어 파트(square part) : 사각형 모양으로 나눈 파트로 이마의 양각에서 사이드 파트하여 두정부 근처에서 이마의 헤어 라인에 수평하게 파트를 나눈다. 렉탱귤러 파트(rectangular part)라고도 하며 양 측두부와 후두부를 연결하기 쉽다.

V파트(v part) : 삼각형 모양의 가르마로 이마의 양각과 두정부의 중심을 연결시킨 파트이다.

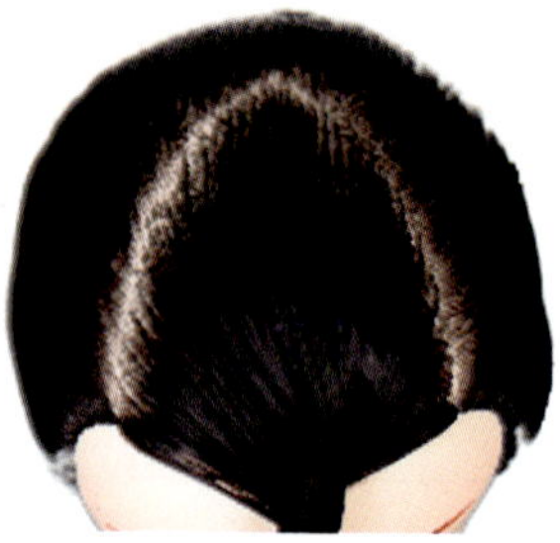

다이애거널 파트(diagonal part) : 사이드 파트(side part)의 분할선이 뒤쪽 아래의 대각선으로 경사지게 내려진 파트이다.

센터 백 파트(center back part) : 후두부를 정중선으로 나눈 파트로 오른쪽 왼쪽의 2등분으로 분할된다.

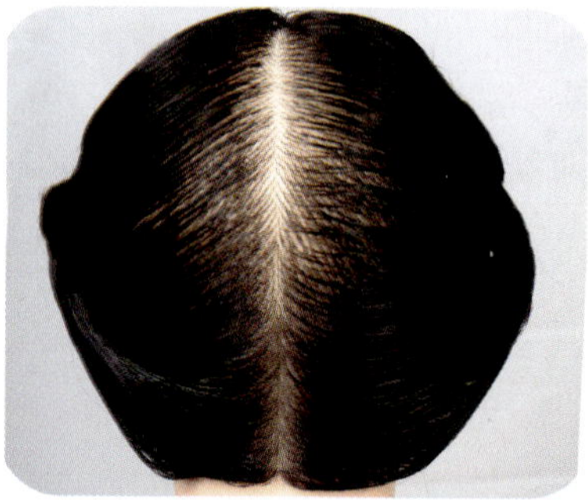

지그재그 파트(zigzag) : 지그재그 형태는 머리숱이 적거나 자연스런 파트를 나누고자 할 때 나누는 파트이다.

카우릭 파트(cowlick part) : 두정부의 정수리 부위의 가마로부터 가장 기본적인 방사상으로 나눈 파트로 가마를 중심으로 해서 자연스런 머리의 흐름에 따라서 나누는 방법이다.

크라운 투 이어 파트(crown to ear part) : 크라운 사이드 파트의 파트 뒷부분으로부터 귓바퀴 상부를 향해서 수직으로 나눈 파트이다.

이어 투 이어 파트(ear to ear part) : 한쪽 귀 상부에서 두정부를 지나 다른 한쪽 귀 상부를 향해서 수직선으로 나눈 파트이다.

4) 블로 드라이 기초 기술

① 핸드 드라이

블로 드라이에서 가장 중요한 부분으로 타월을 이용하여 물기가 흘러내리지 않도록 모근부터 물기를 제거하여 모간 모선 끝쪽으로 말란다. 드라이어로 20%(장마철에 잘 마르지 않은 빨래, 만졌을 때 물이 묻어나지 않는 정도)의 수분을 남기고 말려주어야 한다. 핸드 드라이어의 각도는 0~90° 는 스트랜드와 평행하게 바람 출구를 대고 모발의 흩어지는 것을 방지한다. 90~180° 는 머리끝을 안정시킬 때 사용하는 각도이며 180~270° 는 머리끝을 안쪽으로 말 때 이용된다.

② 펴주기

웨이브를 주지 않고 모발을 펴주며 긴 모발에 윤기를 주고, 짧은 모발에 약간의 볼륨을 주는 테크닉이다. 슬라이스 폭을 약 3 ~ 5cm 떠서 브러시를 스트랜드 안쪽으로 넣어 드라이어의 열풍을 이용하여 롤을 돌리면서 훑어 내린다. 이때 드라이어는 롤을 1cm 간격으로 따라 내려온다.

③ 안으로 말아주기

슬라이스한 스트랜드 안쪽에 롤을 안으로 넣어서 훑어 내려오다가 모선 부분에서 롤을 두 번 정도 말아서 5 ~ 6초 정도 바람을 쐐준다. 드라이 바람을 잠시 피하고 롤을 반 바퀴 돌린 후 텐션을 주기 위해 찬바람을 쐐준다. 열이 식으면 브러시를 빼낸다.

④ 밖으로 말아주기

슬라이스한 스트랜드 안쪽에 롤을 안으로 넣어서 훑어 내려오다가 모선 부분에서 롤을 두 번 정도 말아서 5 ~ 6초 정도 드라이어 바람을 쐐준다. 곧 바로 모선 끝 부분의 스트랜드 바깥쪽으로 롤을 대고 손을 이용하여 롤에 모발을 한 바퀴 감은 다음 드라이어의 온풍으로 다시 고정시킨 후 바람을 잠시 피하고 롤을 반 바퀴 돌린 후 텐션을 주기 위해 찬바람을 쐐준다. 열이 식으면 브러시를 바깥쪽으로 빼낸다.

⑤ 웨이브 만들기

웨이브는 컬이 형성되어 있는 모발에 주로 드라이하므로, 슬라이스한 스트랜드 안쪽에 롤을 안으로 넣어서 훑어 모발을 정리해 준 후 모선 부분에서 롤을 말아가면서 2~3초 정도씩 바람을 쐐준다. 만들고자 하는 웨이브의 크기와 자연스러움의 정도에 따라 적당한 롤 브러시를 두 개 이상 선택한다. 롤에 머리를 감고 3~4초 동안 열을 가한 다음 그대로 놓아두고 다른 롤을 이용하여 롤에 머리를 감고 3~4초 동안 열을 가한 다음 열이 식은 브러시를 웨이브의 형태로 빼낸다.

모근을 세울 때	브러시를 패널의 뒤쪽으로 넣어서 스트랜드의 각도를 두피에 대해 90~120°로 하여 열을 준다.
모발의 흐름을 바꿀 경우	나눠 잡은 모류의 표면에서 또는 뒤쪽에서 브러시를 넣어 회전시켜서 모발의 흐름을 바꾸려는 방향으로 향한다.
모발의 끝에 힘을 넣는 경우	모발 표면과 뒷면에 열바람을 주어 모발 끝에 힘을 준 후 열을 식혀준다.
머릿결에 윤기를 내는 방법	드라이어는 적당한 간격(약 1㎝)을 유지하고, 브러시를 회전시키면서 패널을 서서히 이동시켜 준다.(단 머리 끝 부분이 빠지지 않도록 브러시를 회전시켜야 윤기가 난다.)

5) 볼륨에 따른 각도

드라이어와 브러시의 움직임에 의해 머리카락에는 윤기를 갖게 하면서 정리된 헤어스타일을 얻을 수 있다. 볼륨을 내고 싶은 부분의 모근 가까이 브러시를 넣고 회전시키면서 업 스템의 방향으로 각도를 들어서 서서히 이동시킨다. 이때 드라이어는 바깥쪽과 안쪽을 번갈아 가며 바람을 주어야 한다. 원하는 헤어스타일에 따라 각도를 조절한다.

① 135° : 큰 볼륨을 얻고자 할 때
② 90° : 중간 정도의 볼륨을 얻고자 할 때
③ 45° : 적은 볼륨을 얻고자 할 때
④ 0 ~ 45° : 스트랜드(strand)와 평행하게 바람 출구를 대고 모발이 흩어지는 것을 방지하고자 할 때

6) 드라이어와 브러시의 각도

① 모근 가까이에 볼륨을 주고자 할 때 : 브러시에 대해 드라이기의 각도는 45°가 적당하다.
② 모발의 흐름을 정리하고자 할 때 : 브러시에 대해 드라이기의 각도는 0°로 대고 바람이 브러시의 면에 따라서 모선을 따라 드라이기는 내려간다.
③ 모발에 윤기를 내고자 할 때 : 모표피의 방향을 따라 45° 정도의 각도를 유지하면서 일정하게 열을 가하면 규칙적인 윤기를 얻을 수 있다.

7) 스타일에 따른 건조법

① 스트레이트 : 모근에서 모선 방향으로 머릿결 방향으로 아래로 바람이 향하게 하여 두피에서 말린다. 안말음을 하기 위해서는 모발 끝을 손가락을 이용하여 안으로 호를 그리며 말린다.

② 웨이브 : 모근 부위를 먼저 모발을 들춰가며 조심스럽게 말린다. 모발 끝은 손을 이용하여 웨이브를 만들어준다. 짧은 웨이브 머리도 같은 방법으로 행한다. 스타일링제로 마무리한다.

6. 블로 드라이 스타일링

제품의 특성에 따라 스타일링 전후에 사용하며 목적에 따라 적합한 제품을 선택하여 스타일링 한다.

1) 사용 제품

① 헤어 컨디셔너

모발에 영양분을 빠르게 침투시켜 손상된 모발을 교정시키기 위한 처리로 매일 또는 주기적으로 사용된다. 안정성이 높은 오일을 사용하여 고온으로 처리하는 아이론, 드라이기 등으로부터 모발 끈적거림이 없어 광택 효과도 있고 모발 엉킴을 방지하는 활성제가 들어 있는 제품을 사용한다.

② 헤어 리퀴드

모발과 동일한 18가지 케라틴 성분으로 단백질이 빠져나간 모발의 틈을 보수해 준다. 젖은 모발에 헤어 리퀴드를 도포한 후 드라이어의 열로 모발 조직과 완전 결합시키면 리퀴드 성분은 샴푸 후에도 흘러 나가지 않고 모발 손상을 보수, 재생, 강화시켜 준다. 리퀴드 소량을 손바닥에 덜어서 모발 전체에 고루고루 도포하거나 분사 후 헹구어내지 않아 적당한 점착성과 정발력에 의해 자연스러우며 가벼운 느낌으로 스타일링 된다. 모발이 좀 더 풍성한 느낌과 더불어 오래 유지되도록 하는 코팅 물질이 함유되어 있다.

③ 투페이스

프로테인 성분이 모발의 모피질 층에 침투하여 손상모를 보호하며 실리콘 성분이 모발의 큐티클층을 감싸 지모, 절모 등을 방지하고 모발에 광택을 준다. 또한, 웨이브를 되살려 빗질을 쉽게 하여 엉킨 모발도 풀어준다. 모발에 수분과 영양을 동시에 공급하여 모발을 정돈해주는 리퀴드 타입 트리트먼트로 구분되어 있는 두 층이 잘 섞이도록 충분히 흔들어준 다음 모발 끝을 중심으로 골고루 뿌려준다.

④ 헤어 로션

젤과 무스 타입의 스타일링 로션은 샴푸 후에 모발을 브러시의 재질에 의해 마찰되는 물리적 손상을 방지시키며 세팅력이나 볼륨감을 준다. 그러나 잘못 시술하면 오히려 모발을 더 손상시키므로 시술 전보다는 드라이 시술 후 사용하는 것이 바람직하다.

⑤ 헤어 무스

용도에 따라 세팅력 위주의 타입과 트리트먼트 타입 등으로 나누어진다. 먼저 제품을 흔들어준 후 손에 적당량을 분사해 원하는 부위에 도포하여 손이나 브러시 등의 도구를 이용하여 블로 드라이해준다.

⑥ 헤어 스프레이

볼륨감 있는 스타일이나 헤어 왁스 스타일을 매트하게 고정하고자 할 때 효과적이며, 모발에 대한 손상이 없이 세팅된 모발의 형태를 오래 유지하며 보습력을 부여하는 마무리용 제품이다. 하지만 스프레이 제품을 사용한 모발에 브러시나 빗을 이용한 빗질은 큰 손상을 유도하므로 주의하며, 샴푸 할 때 스프레이의 피막을 세척해야 제2의 손상을 막을 수 있다.

⑦ 헤어 젤

미네랄이 풍부한 보습성분을 함유하여 모발을 촉촉하고 윤기 있게 해주며 끈적임이 적어 샴푸 시 비교적 깨끗이 헹궈진다. 헤어 스프레이에 비해 세팅력은 약하나 촉촉하고 자연스러운 세팅 효과를 갖는다. 마르고 나면 좀 더 강한 세팅력을 가지며, 분무기를 이용하여 수분을 보충하면 다시 재스타일링 할 수 있다는 장점이 있다.

⑧ 에센스

세팅, 매직 스트레이트, 드라이어 등의 열기구와 퍼머넌트 및 염색 등에 사용되는 다양한 화학약품으로부터 손상되어 있는 모발에 영양을 공급해 탄력 있고 윤기 있는 머릿결로 만들어 주는 제품으로 모발이 쉽게 탈색되고 가늘어지는 것을 억제해 준다. 또한, 고분자 실리콘 마이크로 막이 손상된 모발에 코팅 효과를 주어 건강한 머릿결로 유지해 주며 모발의 수분 보유력을 증가시켜 탄력 있고 볼륨감 있게 표현해 준다. 손바닥에 몇 방울 떨어뜨려 손상 부위를 위주로 골고루 도포한 후 모발 전체에 바른다. 스타일링에 방해가 되는 무겁고 끈적거리고 기름기 있는 에센스는 피한다.

⑨ 헤어 브로우(스프레이)

컷과 자연스러운 블로 스타일링이 보급되면서 널리 사용되는 제품으로 펌프식 스프레이로 안개 상태로 분사되며, 컨디셔닝 효과와 헤어 스타일링 효과를 준다. 드라이 시 열과 브로싱으로부터 모발을 보호할 뿐만 아니라 유분과 수분을 공급하여 모발의 수분 증발을 막고, 건조에 의한 기모, 절모 등을 방지한다. 또한, 브러시 사용 시 모발의 정전기 발생과 손상을 억제하여 부드럽고 자연스러운 광택과 마무리를 준다.

스타일링 제품의 용도 및 주의사항

- 드라이 전후에 양모제를 사용한다. 잦은 드라이 시술을 모발의 수분 부족으로 인한 윤기 감소와 모발이 갈라지는 원인이 되므로 열로부터 모발을 보호할 수 있는 수분 타입의 양모제 또는 컨디셔너를 사용한다.
- 롱 헤어의 경우 모발 끝 부위는 손상된 경우가 많은데 시술하는 과정에서 손상된 부위에 모발 보호제를 첨가하면 모발을 보호하면서 매끈하고 윤기 있게 드라이할 수 있다.
- 완성된 헤어스타일에 가벼운 느낌과 함께 윤기를 더하고자 할 때에는 웨이브나 모발의 흐름을 정리하면서 광택 스프레이를 뿌려준다.
- 액상 트리트먼트 용액이나 스프레이 등의 제품을 앞머리에 뿌릴 때는 얼굴 가리개를 사용하여 피부에 제품이 닿는 것을 방지한다.

2) 기타 필요한 도구

꼬리빗	분무기
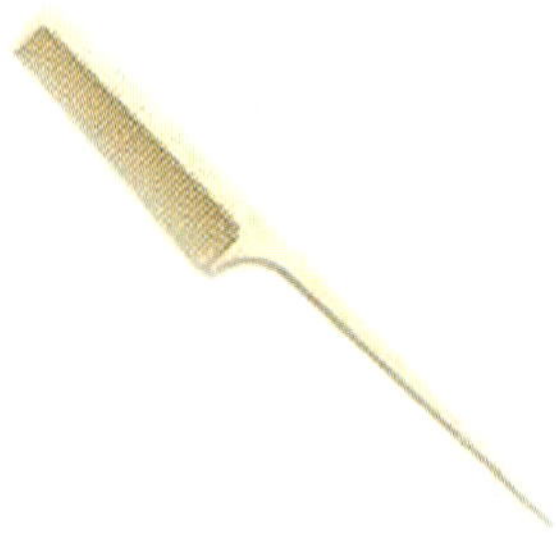	
아이론을 사용할 때 주로 사용되는 빗으로 손을 대신하여 사용하며, 모발의 엉킨 부분을 풀어주거나 스타일링 할 때 사용한다.	드라이 시 꼭 필요한 도구 중 하나로 건조한 모발에 직접적으로 열풍을 주면 모발이 손상되므로 드라이 시에는 반드시 분무기를 사용하여 적절한 수분이 있어야 한다.
웨이브 클립	**클립**
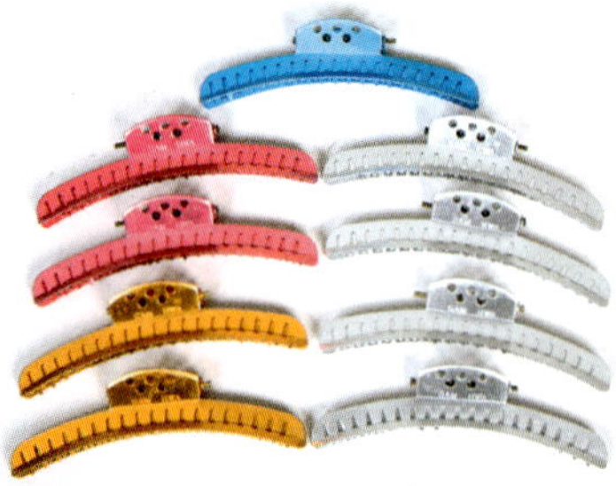	
금속 또는 플라스틱 기구로 머리카락을 세트할 때 사용하는 기구이다. 웨이브 클립을 이용하여 드라이로 세팅된 웨이브를 더 강한 핑거 웨이브처럼 리지가 선명한 웨이브를 만들고자 할 때 헤어 스타일링 제품과 같이 사용하여 뚜렷한 웨이브를 형성시킬 때 사용된다.	드라이와 아이론 시술이 편리하도록 모발을 고정할 때 사용하는 집게 모양의 도구로 섹션을 정확하게 나눈 후 머리를 깔끔하게 고정한다. 고정할 때 모발을 너무 강하게 모아서 하게 되면 나중에 섹션 자국이나 클립의 자국이 남으므로 주의한다. 또한, 모발이 클립 끝에 뜯기지 않도록 주의한다.

7. 헤어디자인

얼굴 모양에는 얼굴의 전체적 굴곡뿐만 아니라 얼굴의 길이와 넓이가 포함된다. 이상적인 얼굴 모양은 계란형이나 모양은 가지각색이다. 이상적인 타원형의 얼굴 모습을 나타내기 위해서는 강조할 부분은 강조하고 축소할 부분은 축소하여 구성하여야 한다. 또한, 전체적으로 알맞은 비율을 만들어내기 위해서 신장, 몸무게와 특정한 넓이를 가진 신체 부분들에 맞추어 헤어스타일에 볼륨을 살려주거나 약하게 할 수도 있다. 헤어스타일링의 목적은 얼굴 등 전체와의 조화가 중요하므로 아름다운 부분을 강조하고 결점은 감추는 헤어 디자인을 생각하고 시술하는 것이 중요하다.

1) 얼굴형과 헤어 디자인의 조화

얼굴형은 계란형, 원형, 장방형, 사각형, 삼각형, 역삼각형, 마름모형의 7가지 타입으로 나눌 수 있다. 여기에서 계란형이 무엇보다 조화된 형이라고 할 수 있어 헤어 디자인에서는 계란형을 표준으로 한다.

① 계란형

이 형태는 가로가 세로의 1:1.5 비율로 옛날부터 이상적인 얼굴형으로 이 타입의 헤어 디자인은 이 얼굴 형태를 무너뜨리지 않도록 하는 것이 좋다. 일반적으로 이마가 턱보다 약간 넓은 윤곽선을 이루고 있다. 어떤 헤어 디자인에도 무난하고 얼굴형을 수정하는 데 있어서 모든 스타일의 기본이 된다고 볼 수 있다. 이런 타입의 헤어 디자인은 그 윤곽을 가리지 말고 그대로 살려주는 것이 좋다.

②원형

동양인에 가장 많은 얼굴형으로 전두부의 헤어라인과 턱선이 눈에 띄게 둥글다. 원형을 계란형에 가깝게 하기 위해서는 얼굴을 실제보다 길어 보이도록 할 높이가 필요하다. 따라서 전두부의 볼륨을 높이 하고 옆은 퍼지지 않도록 작업한다. 가르마는 가운데 가르마도 예쁘지만 옆 가르마로 6:4, 7:3의 비율로 하는 것이 좋다. 귀 뒤로 두발을 넘겨 낮게 덮는 듯한 두발형은 한층 둥근 느낌을 강조하게 되므로 피해야 한다.

③ 장방형

이 타입은 얼굴의 세로 길이에 대해 가로의 폭이 좁기 때문에 헤어 디자인은 둥근 얼굴과 반대로 생각하면 된다. 따라서 전두부는 낮게 하고 측두부는 양감을 가지게 하는 것이 원칙이다. 관자놀이에서 턱 쪽으로 웨이브나 컬 또는 바깥말기로 볼륨을 내고 귀 뒤로부터 약간의 두발을 보이도록 하면 얼굴의 긴 느낌이 줄어들게 된다. 가르마의 위치는 옆 가르마가 어울린다. 이마에는 웨이브나 컬을 이용하여 좋아하는 뱅을 한다. 헤어 파트를 잡을 때에는 크라운을 넓게 보이도록 하면 얼굴형과의 조화를 찾기 쉽다. 반대로 업스타일이나 센터 파트를 하면 한층 길이를 강조하하는 스타일은 피한다.

④ 사각형

이 타입의 얼굴형은 헤어라인이 일직선상으로 똑바르며 턱선이 각지고, 둥근 느낌이 전혀 없는 것이 특징이다.이런 경우의 헤어 디자인은 턱선이 모나고 둥근 느낌이 없으므로 이마의 모난 부분을 감추고 측면에서 두발을 높게 올려 한 쪽 귀를 가리며 얼굴 쪽으로 흐르는 곡선적인 부드러운 느낌을 내는 동시에 옆폭을 좁게 보이도록 해야 한다. 헤어 파트를 잡을 경우는 전체의 둥근 느낌을 더한다는 의미에서 라운드 사이드 파트를 하는 것이 얼굴의 각진 느낌에 변화를 줄 수가 있다. 두발형을 낮게 하면 옆선이 강조되어 한층 각진 느낌을 강조하게 되므로 피한다.

⑤ 삼각형

이 다입의 얼굴형은 이마 부분이 좁고 아래쪽으로 넓은 것이 특징이다. 이마 부분의 폭을 넓게 하고 턱 부분은 좁게 느끼도록 디자인해서 보완이 필요하다. 얼굴의 턱선이 옆으로 볼록한 것을 눈에 띄지 않게 하는 것이 중요하므로 시선을 위로 끌어주거나 귀 윗부분에 강한 볼륨을 주는 것이 좋다. 그러기 위해서는 옆선을 강조한 뱅이나 이마의 좁음을 감출 수 있는 큰 뱅을 이용하고 동시에 양볼의 선을 좁게 보이도록 하기 위해서 업스타일로 마무리하는 방법을 쓴다. 가르마 위치도 사이드 파트나 다운 다이애거널 파트를 해서 상부의 옆 폭을 넓어보이도록 나누고 귀 양쪽에 약간 길게 내려야 한다. 크라운을 평평하게 하고 귀 뒤를 볼륨을 주는 것과 같은 헤어스타일은 피해야 한다.

⑥ 역삼각형

이 타입의 얼굴형은 이마의 폭이 넓고 양턱의 선이 좁은 것이 특징이다. 이 경우의 헤어 디자인은 이마가 넓고 턱선이 좁아 보이므로 프런트와 탑을 약간 높여서 큰 웨이브로 이마를 좁게 하고, 사이드는 양볼 상부를 되도록이면 밀착하고 하부에 볼륨을 많게 하면 좁은 턱선에 볼륨이 생겨 보여서 하부의 뾰족함을 보완할 수 있다. 헤어 파트를 잡을 경우는 삼각형 얼굴과 반대로 크라운을 좁게 보일 필요가 있으므로 약간 센터 쪽으로 파트한다. 이렇게 하면 상부가 좁아 보여 하부의 폭이 넓어진 것처럼 보여지게 된다. 또 이 경우는 센터 파트를 해도 좋다. 주의할 점은 크라운을 평평하게 하거나 이 부분의 옆선을 강조해서는 안된다.

⑦ 마름모형

이 타입의 얼굴형은 다이아몬드형이라고도 불린다. 양볼의 뼈가 많이 튀어나왔으며 이마와 턱의 폭(상하)이 좁으므로 이마와 턱 부분의 폭을 넓게 보이도록 한다. 이마가 넓게 보이도록 하는 머리형을 만드는 동시에 옆은 부드러운 컬이나 롤을 만들어 올리고 컬이나 롤을 이용하여 턱선 아래쪽으로 흐르도록 내린다.

Chapter

03 아이론(Iron)

1. 아이론의 기초

1) 아이론의 역사

마셀과 컬로 구성된 히트-아이론이 창안되기 전까지는 철제 봉을 불로 데워 나선상의 컬과 곱슬거리는 모양을 만드는 기구가 웨이브를 만드는 데 사용됐다. 마셀 웨이브는 1875년 프랑스의 마셀 그라또우(Francois Marcel Gurateau)에 의해 만들어져 발표된 후 보급되었다. 경술국치 이후 외국 각지에서 공부하고 돌아온 신여성 등에 의해 미용이 보급되기 시작하였으나, 우리나라 최초의 미용실은 일본에서 미용을 배운 한국의 1호 미용사 오엽주 여사가 1933년 서울 종로 화신백화점 안에 개원한 화신미용원이다. 일본에서 미용을 배워온 오엽주 여사로 인하여 헤어스타일의 변화가 더욱 확산되었다. 그 후 일본인들이 건너와 미용학교와 많은 미용실을 개설하였는데, 이 시기에 우리나라에 마셀이 도입된 것으로 보인다. 아이론은 블로 드라이가 도입된 1970년대 이전까지 꾸준히 이용되어지다가 블로 드라이의 확산과 함께 1970년대 후반부터 화열식인 마셀 기술이 점차 쇠퇴해갔다. 그러다가 1990년대 후반에 열을 이용한 스트레이트 펌이 유행하면서 전열식 아이론인 플랫 아이론이 각광받기 시작하였다. 그 이후 전열식 아이론기를 이용한 헤어 스타일링이 급속하게 확산되면서 굵기가 다양한 컬링 아이론과 넓이가 다양한 플랫 아이론이 빠르게 보급되었다. 현재 일시적 헤어스타일링 연출은 아이론기를 이용하는 경우와 드라이기를 이용한 블로 드라이가 함께 공존하고 있다. 그 원리는 아이론의 열에 의해서 일시적으로 모발의 분자 구조에 변화를 주고 웨이브를 형성하는 방법이다. 특징은 자연스럽고 부드러운 웨이브를 표현하는 데 있다. 마셀 웨이브는 마셀 아이론을 사용해서 일시적으로 두발의 구조를 변화시켜 웨이브를 만드는 기술이다. 부드러운 S자형 웨이브를 만드는 것이 특징이다. 아이론은 특별한 조작이 필요치는 않지만 감각적 테크닉이므로 많은 연습이 필요하다.

2) 아이론의 목적

헤어 아이론으로 120~140℃의 일정한 열을 가해 웨이브나 컬을 형성하는 기구이다. 이처럼 모발에 직접 열을 가하여 모발에 일시적인 웨이브를 형성시켜 형태를 변화시키고 그 형태를 오랫동안 지속시킬 수 있도록 하는 일시적인 세팅방법이다. 이 기구는 고온의 열을 이용하기 때문에 모발을 손상시킬 수 있고, 고객의 두피와 시술자의 손에 각별한 주의가 필요하며 많은 연습이 필요하다. 특히 화학 처리된 모발에 사용하면 심각한 손상을 줄 수 있으므로 더욱 주의를 기울여야 한다.

3) 헤어 아이론 기능

헤어 미용에 사용되는 헤어 아이론의 목적은 달궈진 아이론의 열로부터 모발의 구조에 일시적인 변화를 주어서 웨이브, 컬, 롤 등의 형태를 만든다. 마셀 웨이브는 프랑스 Marcel Grateau에 의해 1875년에 발표되었다. 헤어 아이론은 가열방법에 따라 화열식(火熱式)과 전열식(電熱式)이 있으며, 화열식의 대표적인 마샬 아이론은 1960년대 중반에는 화열식 아이론을 연탄구멍에 꽂아놓고 사용하다가 일정한 온도가 되면 사용했는데 일정한 온도를 유지하기가 어려워 현대에 이르면서 아이론이 화열식에서 전열식으로 진화되어 현재 사용하고 있는 것은 전기를 이용한 전열식으로 일정한 온도를 조절하기 용이하다.

4) 아이론과 온도

아이론은 항상 적당한 온도를 유지하도록 하는 점이 중요하다. 온도가 균일하지 않으면 웨이브가 일률적으로 나오지 않기 때문이다. 열에 달구어 사용하는 화열식 아이론의 온도는 정상적인 모발의 경우 120~140℃가 적당하며, 온도를 확인하는 방법은 손바닥 등을 이용하는 시술자도 있는데, 이 방법은 화상을 입을 수 있으므로, 흰 종이나 문종이를 아이론에 끼우고 가열해서 온도를 조절하는 방법이 좋다. 페이퍼를 아이론으로 쥐어 훑어내려 종이가 누렇게 되거나 갈색으로 변하면서 연기가 나는 것은 아이론의 온도가 과열된 경우이다. 열을 식히는 방법으로 핸들의 한쪽을 쥐고 회전시키거나 물이 적셔진 수건에 눌러 약간 식혀준다. 모발이 많이 상했거나 백발인 경우, 또는 너무 가는 경우나 또한 화학 처리된 모발은 정상적인 굵은 모발보다 열에 약하므로 온도를 낮추어 100~110℃가 적당하다. 현재 미용실에서 사용되는 전기 아이론은 온도조절 장치가 있으므로 적당한 온도를 임의로 설정할 수 있으나 손상 정도에 따라 원하는 적정온도를 선택하여 사용한다. 일반적으로 굵은 모발이 가는 모발보다 열에 더 잘 견디고 가늘거나 염색 처리된 모발은 정상적인 모발보다 열에 약하기 때문에 온도를 조금 낮추어 사용할 줄 알아야 한다.

5) 아이론의 명칭

(1) 마셀(Marcel)

마셀은 홈이 파진 groove와 둥근 막대 모양의 fron과 지렛대 역할을 하는 pivot point인 이음쇠에 연결된 손잡이 등으로 이루어져 있다.

① 그루브(groove, shell) : 홈이 파져 있는 부분으로 프롱으로 눌러준 모발을 밑에서 받아 모발을 프롱과 그루브 사이에 끼워 고정해주는 역할을 한다.

② 프롱(fron): 모발이 감기는 부분으로 모발을 위에서 누르는 역할을 한다. 따라서 마셀을 이용한 웨이브를 시술할 때는 그루브가 아래쪽으로 가도록 해서 쥔다.

③ 손잡이(handle): 그루브에 연결된 손잡이와 프롱에 연결된 손잡이를 잡고 조작한다.

(2) 컬(curl)

마셀을 감아 싸서 회전시켜 굵은 잔말음의 형상을 만들거나 마셀에 의해 감겨져 있는 컬을 말아 풀기도 한다. 컬을 회전시켜 강한 웨이브를 만든다.

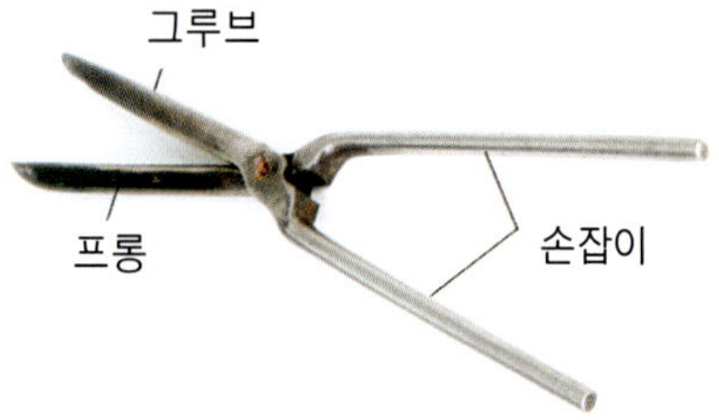

[마셀의 구조와 명칭]

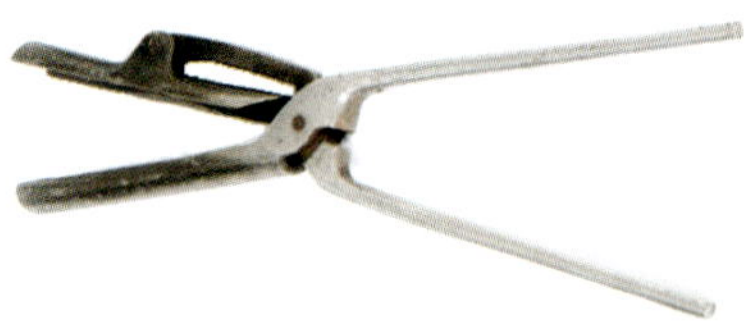
[컬]

(3) 전기 아이론

전기 아이론은 일반적으로 전기선의 꼬임을 방지하기 위해 회전식 코드로 되어 있으며, 온도 조절장치, 전원 표시 등이 되어 있다. 전기 원형 아이론은 홈이 파진 groove와 전열선으로 연결된 fron과 지렛대 역할을 하는 pivot point인 이음쇠에 연결된 손잡이와 전선 등으로 이루어져 있다. 플랫 아이론은 양쪽의 발열판으로 이루어져 있다.

5) 헤어 아이론 사용 시 주의사항

헤어 아이론의 선정과 사용 시 주의사항

- 모발의 표면을 손상시키는 원인이 되는 흠집이나 고장이 없는 것
- 프롱, 그루브, 핸들 등의 길이가 대체로 균등할 것
- 접촉 부분이 부드럽고 프롱과 그루브가 뒤틀림이 없을 것
- 양 핸들이 흔들리지 않고 길이가 대체로 균등한 것
- 열전도율이 좋으며 발열 상태가 일정한 것
- 접합 부분이 잘 조여져 있을 것
- 스텐이나 세라믹 등으로 된 재질을 선택할 것
- 고장의 원인이 되므로 떨어뜨리거나 강한 충격을 주지 말 것
- 전기 코드를 무리한 힘으로 잡아당겨 아이론을 말아서 보관하지 말 것
- 전원 플러그가 꽂아진 상태로 젖은 손으로 만지지 말 것
- 제품을 임의 분해하지 말고 서비스센터에 맡길 것
- 전기가 통하는 상태로 계속 방치하지 말 것
- 같은 콘센트에 다른 전열기구와 동시에 사용하지 말 것

6) 헤어 아이론의 장점과 단점

장점

- 모발에 윤기와 텐션이 좋다.
- 웨이브의 볼륨을 아이론의 크기를 따라 다양하게 연출할 수 있다.
- 웨이브를 원할 때 1회용 시술이어서 심리적인 부담이 없다.
- 드라이에 비해 웨이브 형성력이 강해 스타일이 오래 유지된다.
- 스트레이트, 안말음, 겉말음, 쇼트, 웨이브 등 어떤 스타일에도 아이론이 가능하다.

단점

- 아이론 완성 후 스타일이 드라이보다는 부자연스럽다.
- 모발 한 곳에 집중적으로 가열을 하였을 때는 모발을 손상시킬 수 있다.
- 매직 드라이는 드라이에 비해 화상에 더 유의해야 한다.

- 정확한 시술이 되지 않았을 때는 샴푸를 해서 다시 시작해야 한다.
- 모발의 손상이 심하면 탈 수도 있다.
- 한 번에 스타일을 만들어 내야 하며 계속해서 아이론의 열을 가하면 스타일링이 되지 않는다.

2. 아이론의 작동 방법

1) 아이론 쥐는 방법

아이론을 쥐는 방법은 아이론 각부의 역할에 맞도록 프롱(prong)을 위쪽으로 향하게 쥐고, 그루브(groove)가 아래로 가도록 잡는다. 프롱 부분에 연결된 손잡이를 검지와 엄지로 맞잡고 나머지 손가락은 그루브 손잡이에 나란히 잡고, 아이론을 쥘 때는 보통 새끼손가락만을 안쪽에 끼워 개폐 동작을 한다. 아이론은 시술자의 가슴 정도 높이에서 수평이 되게 자세를 취하고 시술한다. 전기 아이론 작동 방법은 아래 그림과 같다.

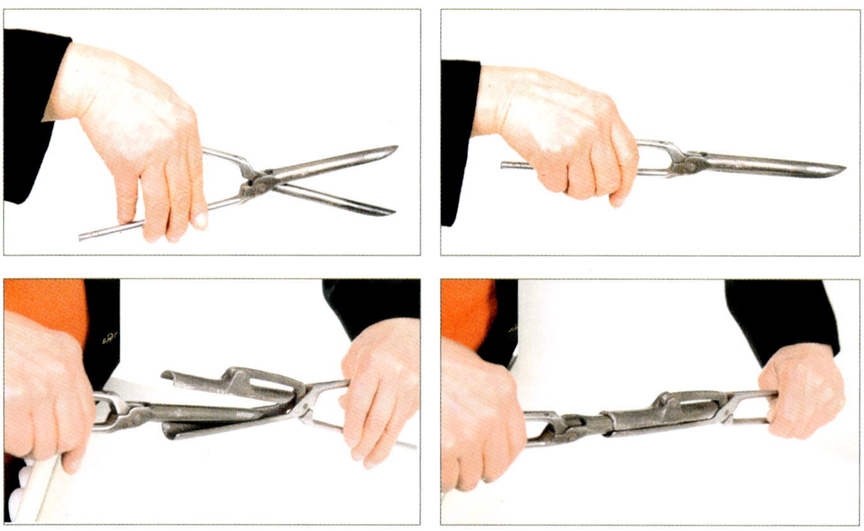

[마셀과 컬의 작동법]

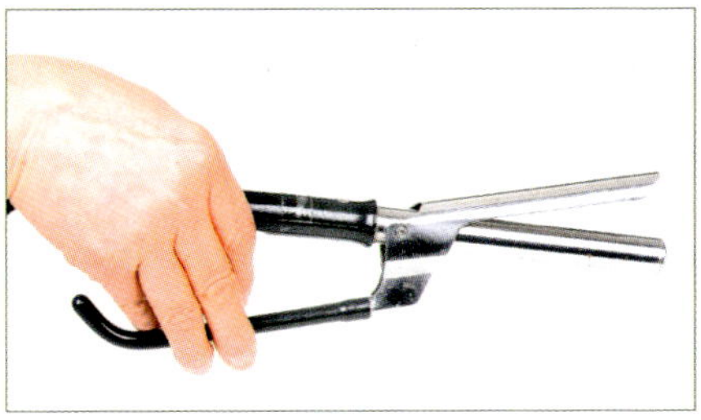 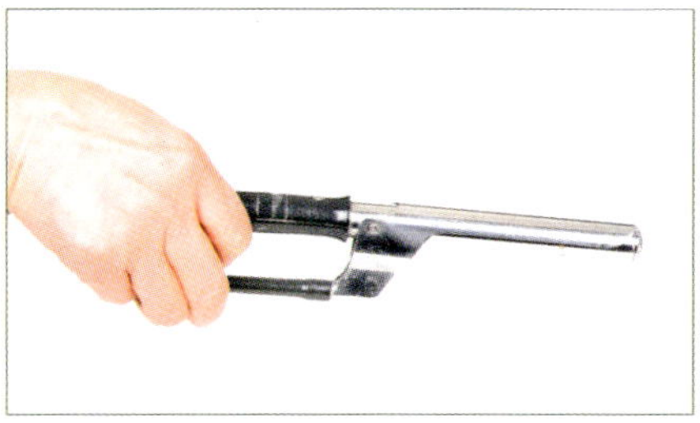

[전기 아이론의 작동법]

아이론 사용 시 주의사항

- 아이론은 받침대에 올려놓고 사용하고 사용 후 전열 코드를 빼고 열이 식은 후에 보관한다. 열에 녹기 쉬운 물체 가까이에 두지 않아야 하며, 전기가 통하므로 물에 닿지 않도록 하고, 떨어뜨리지 말아야 수명이 오래간다.

2) 아이론과 빗

웨이브를 내려면 우선 아이론의 조작이 필요하나 아이론으로만 웨이브를 만들어 내기는 대단히 어렵다. 반드시 빗의 도움이 필요하며, 빗이 모발을 이끌어 유도하기 때문이다. 따라서 빗으로 인하여 아이론의 조작이 한층 효과가 나며 아름다운 웨이브를 만들 수 있다. 마셀 웨이브는 아이론의 올바른 조작을 토대로 해서 이루어지는 것으로써, 그와 동시에 정확한 빗의 움직임을 필요로 한다. 마셀 웨이브에 있어서 빗이 하는 역할은 다음과 같다.

빗의 역할

머릿결을 가지런히 정돈하고 모발이 엉키거나 흩어지는 것을 방지하며 모발을 웨이브가 흐르는 방향으로 유도하고 웨이브의 폭을 일정하게 가지런히 하기 위한 척도가 된다. 모발이 흩어지거나 날리는 것을 방지한다.

빗의 선택법

- 전체의 두께가 균등할 것
- 내열성(耐熱性)이 있으며 단단한 재질의 것을 선정할 것
- 빗살이 균일하고 빗질하기에 좋은 것
- 빗살이 상처가 없는 것
- 빗살은 두피에 닿는 부분으로 너무 뾰족하거나 둥글지 않는 것

- 물과 기름과 열에 강한 것
- 약품에 변질되지 않는 것
- 두발의 성질과 상태에 따라 크기에 맞는 빗을 선정할 것

빗의 취급 방법

- 빗살 사이가 오염되기 쉬우므로 항상 소독할 것
- 소독약을 너무 오래 사용하면 빗이 휘어지는 경우가 있으므로 주의한다.
- 소독약으로 소독한 후 충분히 물로 씻어낼 것
- 재질상 열에 의한 소독법은 피할 것
- 보관은 항상 제자리에 보관할 것
- 완성된 웨이브를 망가뜨리지 않도록 주의해서 조작할 것

3) 아이론 손질 방법

열에 달구어 사용하는 아이론은 녹이나 탄산 성분이 생기지 않도록 깨끗이 보존한다. 정기적으로 고운 사포를 이용하여 아이론의 표면을 닦아주고 기름칠해서 항상 녹이 슬지 않도록 한다. 때나 기름을 제거하려면 암모니아를 몇 방울 떨어뜨린 후 비누 용액으로 닦아주면 된다. 전기 아이론은 알코올램프의 불꽃을 사용하여 아이론 표면에 묻은 헤어스타일링 제품을 제거한다. 열에 달궈진 아이론을 열에 약한 물체 옆에는 놓지 않아야 하며, 전기가 통하므로 물에 닿지 않도록 주의하여야 한다. 전기 아이론을 손질할 경우 알코올램프의 불꽃을 사용하여 아이론에 묻어 있는 헤어 스타일링 제품을 제거한다.

3. 아이론 종류 및 사용방법

1) 아이론 종류와 기능

① 마셀 아이론(Marcel iron)

1875년 프랑스인인 마셀 그라또우(Marcel Grateau)가 창안한 헤어 열 아이론이며, 그의 이름을 따라 열 웨이브는 지금까지도 마셀 웨이브로 불린다. 또 작은 소형의 아이론이 보급된 것은 같은 20세기 초에 유행된 '카이젤수염' 를 갖추기 위해서 많이 사용되었다고 한다. 1925년에 전기 아이론이 발명되어 가열 및 단열의 조절이 쉽게 되어 전기 아이론 보급이 활발해졌다.

② 전기 아이론(Electric iron)

자동 온도조절 장치가 되어 있어서 원하는 온도로 맞추어 사용할 수 있고, 이동이 간편하여 쉽고 편리하게 쓸 수 있다. 크기도 다양해서 목적, 소재에 맞게 모근 부분을 살리든지, 볼륨을 주든지, 모발 끝의 방향성을 주는 목적으로 다양하게 사용된다.

③ 스트레이트너 아이론(Straightener iron)

특수 아이론에 속하며, 매직 스트레이트(magic straight)라고 불린다. 원하는 스타일에 따라서 스트레이트, 곱슬머리 스트레이트를 펼 때, 웨이브 모발을 펼 때 사용한다.

④ 크림퍼 아이론(Crimper iron)

두 개의 금속판으로 되어 있으며 형태는 여러 가지가 있어서 원하는 형상대로 바꿔서 사용 가능하다. 순간적인 웨이브를 부분적으로 주거나 특정 부위에 볼륨을 살리기 위해 사용된다.

⑤ 충전식 아이론(Cordless iron)

축열식으로서 전열코드가 없어 조작이 편리하며, 아이론에 씌우는 클립이 부착된 것도 있다.

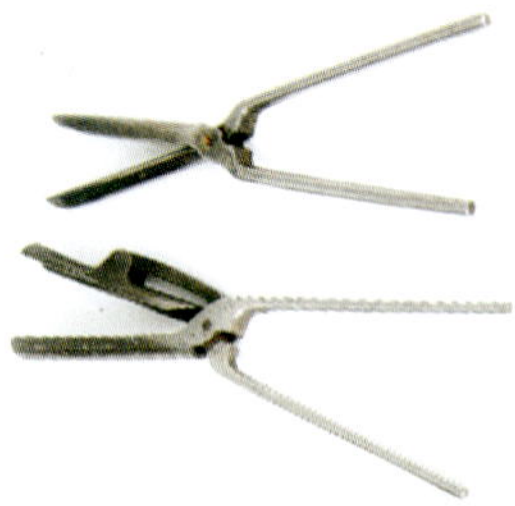

[마셀과 컬]

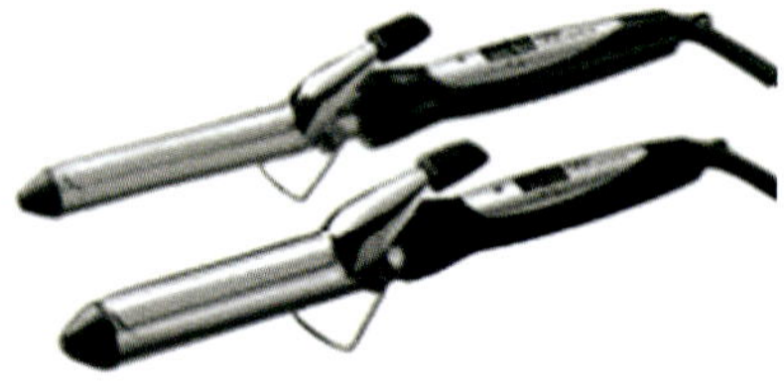

[전기 아이론]

[스트레이트너 아이론]

[크림퍼 아이론]

[충전식 아이론]

	화열식	전열식
	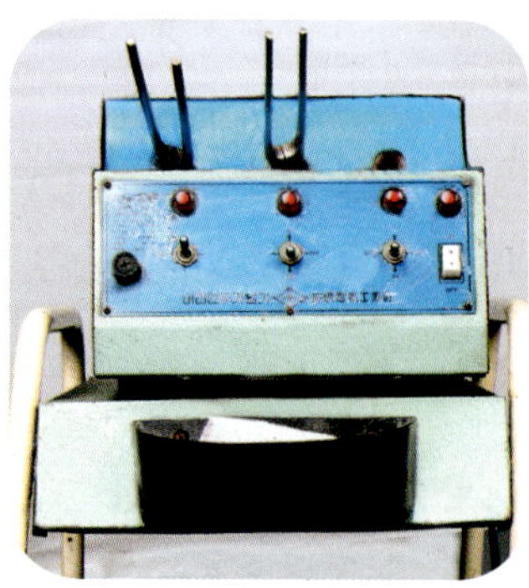 [마셀 아이론과 열기구]	 [전기 아이론]
온도를 확인하는 방법	종이를 끼워 연기가 나지 않아야 한다.	적정온도를 자동과 수동의 두 가지 방법이 있다.
과열되었을 경우	한쪽 핸들을 쥐고 45℃ 각도로 돌린다. 또한, 물수건을 이용하여 열을 식힌다.	열이 높으면 모발이 손상되므로 다시 적정온도를 설정한 후 적정온도가 되면 시술한다.

2) 아이론 기초 기술

마셀은 본인의 가슴 20~30㎝ 거리에서 가슴 높이와 수평이 되게 쥐고 그로우브, 프롱, 마셀의 어느 부분이 위로 아래로 위치하여도 연습에는 무관하다.

(1) 마셀 작동법

① 프롱에 연결된 손잡이를 인지의 둘째 마디와 모지의 손가락 완충면으로 쥐고 나머지(중지, 약지, 소지)는

② 그로우브에 연결된 손잡이에 손가락 한 마디 위에 나란히 놓으면서 손바닥 안에 프롱과 그로우브의 손잡이가 놓여진다.

③ 프롱과 그로우브를 크게 벌려 작동시킨다. 소지는 마셀을 움직일 때 폭을 조절하기 위하여 그로우브에 연결된 손잡이의 안쪽으로 끼운 상태에서 시술한다.

④ 프롱과 그로우브를 닫는다.

⑤ 크게 또는 작게 열고 닫음으로써 반복된 연습에 의해 손가락에 의한 마셀 작동법을 익힌다.

2) 아이론 회전 방법

(1) 바깥말이 회전법

① 아이론을 정확하게 쥐고 바깥쪽으로 45°로 위치한다.

② 미용사의 반대쪽 방향으로 1회전시킨다.

③ 원상태로 돌린다.

(2) 안쪽말이 회전법

① 아이론을 미용사 쪽으로 45°로 위치한다.

② 미용사 쪽으로 반 회전시킨다.

③ 원상태로 돌린다.

3) 스트랜드 각도

부위별 조형에 따라 달라지며 135°, 90°, 45°로 구분된다.

① 135° : 숱이 많지 않거나 프론트 부위에 강한 볼륨을 원할 때

② 90° : 보통의 볼륨을 원하는 백 부위 시술

③ 45° : 숱이 많거나 볼륨이 필요치 않는 네이프 부위 시술

4) 아이론 기초 기술

아이론은 블로 드라이 기술로는 힘든 모발의 강한 변화를 준다. 열을 모발에 직접적으로 닿기 때문에 웨이브를 오랫동안 간직할 수 있으나 모발에 손상을 주기 때문에 사용 시 주의해야 한다.

① 모근 말기

모발의 모근에서 아이론으로 말아서 하는 방법으로 모근 부분을 강하게 세우고 두발 끝이 가볍게 컬이 된다.

② 중간 말기

모발의 중간 부분을 손으로 잡고 아이론을 연 상태에서 중간 부분을 충분히 당겨서 반원 상태가 되었을 때 아이론을 닫아서 두발을 감는다.

③ 모발 끝 말기

모발 끝에서 마는 방법으로 특히 모발 끝의 움직임의 방향을 강조할 때 사용하는 방법이다.

실기편

DRY & IRON

1. 드라이(스트레이트)
2. 드라이(안말음)
3. 드라이(바깥말음)
4. 드라이(CS혼합 웨이브)
5. 드라이(세로 웨이브)
6. 플랫 아이론(스트레이트)
7. 플랫 아이론(안말음)
8. 아이론(바깥말음)
9. 아이론(세로 웨이브)
10. 아이론(가로 웨이브)
11. 아이론(웨이브 지라시)
12. 아이론(마셀 웨이브)
13. 아이론(뿌리 살리기)
14. 아이론(포워드)
15. 아이론(리버스)

Chapter 01

드라이(스트레이트)

스트레이트(straight)

모발을 직선으로 곧게 펴는 방법으로 끝이 곧게 펴지도록 굵은 롤 브러시를 사용한다. 스트레이트 드라이는 웨이브가 형성된 모발을 직선으로 펴거나 일반 생머리를 더 매끄럽고 정돈된 느낌으로 펴는 테크닉을 말한다. 스트레이트 형태는 드라이 롤의 회전을 거의 하지 않으면서 텐션을 유지하고 끝까지 내려온다. 드라이어를 사용하여 생머리를 펴는 것과 퍼머넌트 웨이브를 펴는 것은 각도와의 차이점을 알고 드라이해야 하며, 또한 사이드의 모근 부분의 방향을 바로 잡아 주어야 모근 방향에 따라 휘어지지 않으므로 스타일링 하고자 하는 방향대로 드라이할 수 있다. 그리고 드라이어의 열풍을 가는 방향을 조절해서 모발이 거꾸로 바람에 날리지 않게 주의해야 한다.

시술 전 모습

완성된 전면 모습

완성된 후면 모습

완성된 우측 모습

완성된 좌측 모습

1 모발 길이에 맞는 롤 브러시를 선택하여 롤 브러시를 두피에서 1cm 떨어진 위치에 롤을 고정시키고 부드럽게 스트레이트 해준다.

2 모근 부분은 90° 정도의 각도를 주면서 시작하지만 서서히 각도를 다운시키고 모발 끝에서 롤을 회전하여 모발 끝이 한쪽으로 삐치지 않도록 시술한다.

3 2~3회 정도 반복 시술하며 모발 끝까지 정성을 다해 매끄럽게 펴줘야 한다.

4 모발을 전체적으로 다시 한번 반복하여 매끄럽게 드라이한다.

5 정수리 부분의 볼륨감을 형성하기 위해서 각도를 들어서 모근 부위는 시술하다가 텐션을 주면서 각도를 다운시켜 드라이한다.

6 모발 끝 부분에서는 롤 브러시를 2~3회 회전하면서 매끄럽게 펴준다.

7 크라운 부근의 모근에서는 90° 이상 들어주고 서서히 다운시키면서 펴준다.

8 모발 끝 부분에서는 2~3회 반복하여 매끄럽게 펴준다.

9 사이드 부분은 모근을 살려서 하다가 서서히 다운시키면서 2~3회 반복 시술하여 모발이 윤기가 나도록 한다.

10 모발 끝 부분은 2~3회 반복하여 펴준다.

11 전두부에 볼륨을 형성하고자 한다면 반대쪽에서 드라이 시술하면 볼륨이 더 많아진다.

12 텐션을 주면서 모발 끝 부분은 2~3회 반복하여 매끄럽게 펴준다.

13 모발에 텐션을 주면서 반복하여 펴준다.

14 2~3회 반복하여 매끄럽게 펴준다.

15 텐션을 주면서 웨이브가 생기지 않도록 주의하고 끝까지 매끄럽게 펴준다.

Chapter 02

드라이(안말음)

안말음(In curve)

블로 드라이에서 모근과 모간 부분의 볼륨 형성과 더불어 모선 부분을 롤의 회전력에 의해 안으로 말아 넣는 테크닉으로 안말음이라 한다. 영어는 인컬(In-curl), 일어로 우치마끼(うちまき)라 한다. 모발의 끝을 안으로 들어가는 헤어스타일은 꾸밈없고 순수한 이미지를 연출하는 테크닉이다. 모근에 볼륨을 주지 않기 때문에 모근에서부터 중간 부위까지 각도를 들지 않고 다운(Down)시킨 상태로 유지하여 모발 끝쪽으로 볼륨을 풍성하게 연출한다. 모발 끝을 향해서 C자 모양의 곡선을 그리면서 동시에 드라이어도 C자 모양의 곡선을 형성하면서 브러시를 따라 열풍을 가해주면서 모발 끝까지 진행해 나간다. 모근 부분에 볼륨을 형성하면 전체적으로 풍성한 느낌이 들어 머리숱이 많아 보인다. 안말음은 볼륨을 원하는 위치에서 각도를 높이면서 롤을 회전하여 모발을 드라이한다. 이처럼 안말음 기법은 위치에 따라 드라이어의 송풍구가 드라이 롤에 닿는 곳이 다르다.

시술 전 모습

완성된 전면 모습

완성된 후면 모습

완성된 우측 모습

완성된 좌측 모습

1 5등분 블로킹하여 네이프부터 시작한다. 섹션을 떠 모발을 빗은 다음 두상에 대한 각도 90°로 잡아 시술한다. 모근의 보륨은 90~120°까지 활용한다.

2 모근의 볼륨을 준 다음 모발에 텐션을 주며 스트랜드를 펴 오다가 끝 부분 1바퀴 반 부분부터 롤을 2~3회 회전시킨 다음 브러시를 빼준다. 슬라이스는 2cm 정도 잡아서 시술한다.

3 모발을 펴 준 다음 롤을 빼서 다시 끝 부분부터 정돈하고 다시 말아 1바퀴 반 정도에서 회전 2~3회 정도 하다가 롤 브러시를 빼준다.

4 안말음으로 스트레이트를 곱게 정리한 다음 1바퀴 반 정도를 말아 2~3회 정도 회전하다가 브러시를 빼준다.

5 모발 끝에서 1바퀴 반 정도 말아서 2~3회 회전하면서 드라이 바람을 주다가 롤을 천천히 뺀다.

6 모발을 펴줄 때는 텐션을 주면서 드라이 바람을 준다. 퍼머넌트 웨이브된 모발이거나 곱슬모인 경우에는 섹션을 좀 더 작게 잡아 드라이한다.

7 드라이어의 바람은 모발에서 약간 띄워 줘야 드라이의 노즐 자국도 나지 않고 모발도 상하지 않으며 모발이 매끄럽다.

8 모근 쪽에 드라이 롤을 댈 때는 두상에 대한 각도 90˚로 하며 끝 부분으로 이동할 때는 서서히 각도를 낮춰 주면서 시술한다.

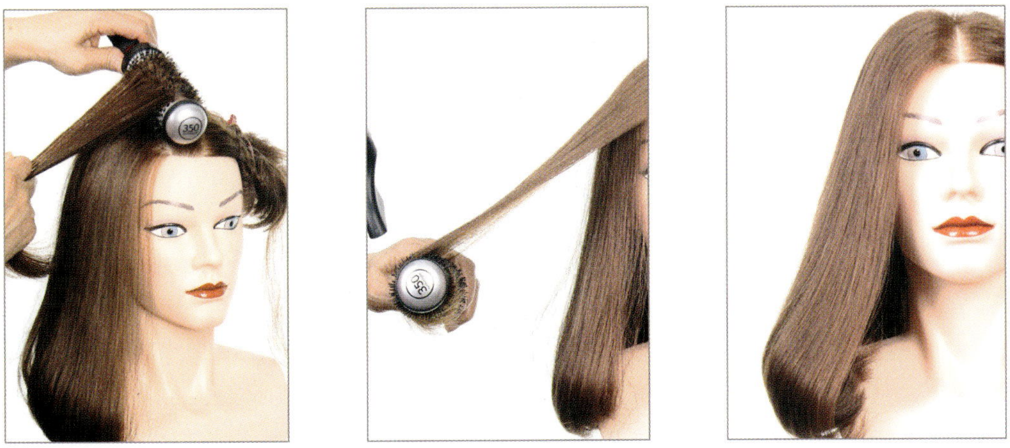

9 모근을 살리기 위해서는 두상에 대한 각도 90˚ 이상의 각도를 유지한 상태에서 시술하지만 모선 부분의 안말음은 드라이어의 바람을 위나 중간의 브러시 방향으로 준다. 좌측도 같은 방법으로 진행한다.

Chapter 03

드라이(바깥말음)

바깥말음(out curve)

블로 드라이에서 모발 끝 부분을 롤의 회전력에 의해 밖으로 말아 모발 끝이 바깥으로 향하게 하는 테크닉으로서 겉말음이라고도 하며, 영어는 아웃 컬(Out-curl), 일어로 소두마끼(外まき)라 한다. 모발의 끝을 밖으로 향하는 헤어스타일은 스타일리쉬하며 세련된 이미지를 연출하는 테크닉이다. 모근 부분에 볼륨을 형성시키면 모발 끝의 볼륨을 풍성하게 연출이 가능하고, 모근 부분에 볼륨을 형성하면 전체적으로 풍성한 느낌이 들어 머리숱이 많아 보인다. 특히 바깥말음의 사이드 부분은 드라이 시술 시 먼저 모근 부분의 방향을 정확히 잡아주고 난 후 시술을 하도록 한다. 또한, 드라이어의 열풍을 주는 방향을 조절해서 모발이 거꾸로 바람에 날리지 않게 주의해야 한다.

시술 전 모습

완성된 전면 모습

완성된 후면 모습

완성된 우측 모습

완성된 좌측 모습

1 모발을 5등분하여 드라이 롤을 위치시켜 먼저 안말음으로 펴준 다음 다시 롤을 빼준 다음 모발을 다운시켜 바깥말음한다.

2 모발 끝을 안말음하여 드라이어로 열을 가해 드라이를 한 다음 다시 바깥말음으로 말아서 드라이한다.

3 다시 안말음된 모발을 다운시켜 바깥말음으로 감아 드라이어 노즐의 방향을 위쪽과 아래쪽에 위치시켜 드라이어 바람을 가한 후 충분히 열을 식혀 바깥쪽으로 회전시켜 빼낸다.

4 특히 바깥말음은 안말음으로 모발을 펼 때 텐션을 주면서 모발을 펴야 바깥말음의 형태를 선명하게 나타낼 수 있다.

5 정수리 부근은 모근 쪽에 드라이 롤을 댈 때는 90°를 유지하다가 다시 풀어 다운해서 드라이한 다음 바깥말음한다.

6 중간 부위에 웨이브가 생기지 않도록 하기 위해서는 모발을 펴줄 때 텐션을 잊지 말아야 한다.

7 모발 끝 부분만을 2~3회 반복하여 매끄럽게 드라이한다.

8 정수리 부분의 볼륨감을 형성시키기 위해서 각도를 들어서 모근 부위는 시술하다가 텐션을 주면서 각도를 다운시켜 드라이한다.

9 모발 끝 부분에서는 롤 브러시를 각도에 따라 2~3회 회전하면서 열을 충분히 식힌 다음 롤 브러시를 빼준다.

10 잔머리가 나올 경우 빗 꼬리로 감아주고 드라이 바람은 밑에서 위로, 위에서 아래로 줘야 한다.

11 섹션을 가로나 사선으로 하고자 할 때는 브러시와 드라이어의 방향도 섹션과 동일하게 시술한다.

12 바깥말음을 시술할 때는 드라이어 노즐의 방향과 모발의 열을 식혀주는 방법이 중요하다. 또한, 브러시의 빼내는 방향에 따라 모발의 흐름이 달라지기 때문에 주의한다.

Chapter 04

드라이(CS혼합 웨이브)

드라이(CS혼합 웨이브)

자연스러운 C컬과 S컬의 물결 형상이 내추럴하면서도 부드러운 여성미에 차분한 느낌을 주는 웨이브 스타일로 롤의 굵기에 따라 가는 웨이브 및 굵은 웨이브로 드라이할 수 있다.

모발의 길이에 따라 S컬의 정도와 분위기가 달라지므로 특히 나이에 맞는 웨이브를 선택하여 고객에게 스타일링 해주어야 한다.

시술 전 모습

완성된 전면 모습

완성된 후면 모습

완성된 우측 모습

완성된 좌측 모습

1 모발과 두상의 형태에 따라 4~5등분 블로킹하여 슬라이스는 2cm 정도 뜬다. 모근에 1cm 정도 띄우고 인컬로 감는다.

2 안말음으로 감은 후 열을 가하면서 롤 브러시를 약간 느슨하게 하여 다시 감으면서 리지(ridge)가 나올 수 있도록 하면서 롤 브러시를 빼준다.

3 S컬을 내지 않을 부분은 가볍게 스트레이트로 펴준다.

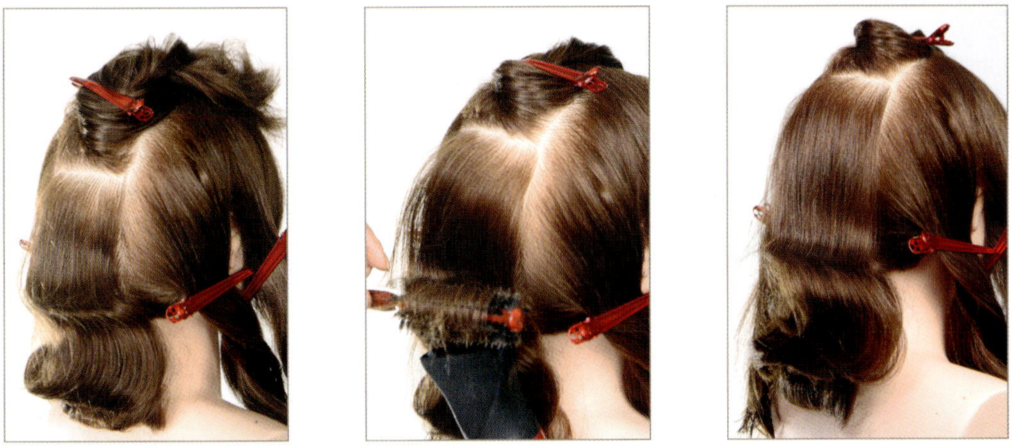

4 강한 리지를 내기 위해서는 모발의 감긴 롤 브러시를 모근 방향으로 밀어주면서 드라이어의 바람을 준다.

5 모발에 감긴 롤 브러시를 밀어주면서 드라이 바람을 리지라인 위쪽에 준다.

6 S컬을 내지 않아야 할 부분은 스트레이트로 가볍게 드라이한다.

7 웨이브가 생기지 않도록 텐션을 주면서 가볍게 펴준다.

8 짧은 부분은 C컬로 말아 준다.

9 리지를 만들기 위해서 롤 브러시를 모근 쪽으로 밀어주고 열을 준다.

10 모발에 텐션을 주면서 열을 가한다.

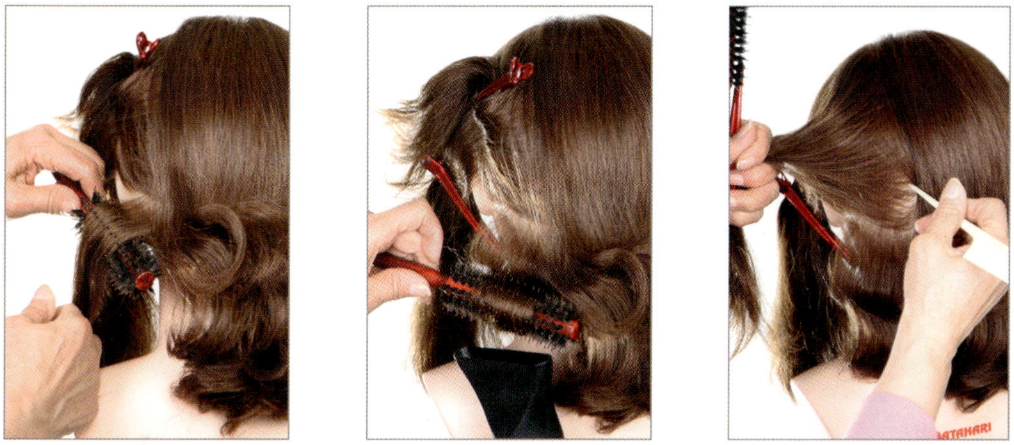

11 모발을 펴고자 할 때는 모근에서부터 텐션을 주면서 시술한다.

12 리지를 원할 때는 모발이 감긴 롤 브러시를 모근 쪽으로 밀어주면서 시술한다.

13 상부에 모발 길이가 짧아 맞지 않을 때는 C컬 하나만 내서 S컬과 연결한다.

14 모발이 감긴 롤 브러시를 밀어준다.

15 연속적인 반복으로 되풀이한다.

16 모발을 매끄럽게 텐션을 주면서 열을 가해 펴주면서 S컬을 만들어 준다.

17 상단과 같은 방법으로 한다.

18 약간 사선으로 모발을 감으면 웨이브가 자연스럽게 나온다.

19 사선으로 감아 웨이브를 자연스럽게 만들면서 롤을 빼준다.

20 프론트 부분은 C자로 모근을 살리면서 사이드 쪽으로 내려와서는 모발 뒤쪽으로 빼준다.

Chapter 05

드라이(세로 웨이브)

드라이(세로 웨이브)

버티칼 웨이브라고도 하며 드라이어의 각도와 롤의 각도에 따라 모근의 볼륨을 조절하기가 쉽다. 하지만 롤이 감아지는 롤 방향을 이해하여 양옆이 비대칭이 되지 않으면서 웨이브 쪽이 일정하게 스타일링 해야 자연스러운 웨이브가 형성된다. 특히 세로 웨이브 드라이는 섹션을 너무 적게 잡으면 웨이브가 흩어져서 산만해지므로 섹션을 적당히 잡고 천천히 뜸을 드리면서 빼면 웨이브가 처지는 현상을 방지할 수 있다.

시술 전 모습

완성된 전면 모습

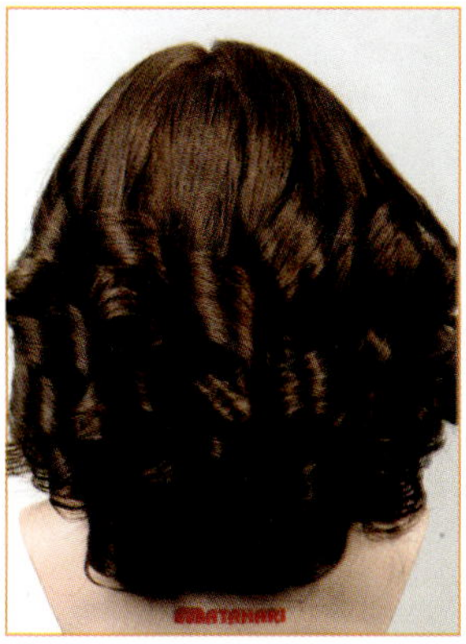

완성된 후면 모습

완성된 우측 모습

완성된 좌측 모습

1 모발의 수분은 손으로 만져볼 때 눅눅한 상태가 좋다. 4등분 브로킹을 하여 2.5cm정도 파팅을 하여 수직으로 롤을 만다.

2 리버스로 말아주면서 모발 끝이 꺾이지 않도록 주의하면서 웨이브를 만들 부분에서 연속 2회 정도 롤을 감아 들어가면서 열을 준 후 식혀준다.

3 롤 브러시 1/2지점을 향해서 모발로부터 1cm 정도 간격을 둔 상태에서 드라이 바람을 준다.

4 롤 브러시에 모발을 감은 롤이 모근에서는 텐션을 주면서 열을 줘야 한다.

5 모발을 감기 시작할 때는 모발이 흐트러지지 않고 모발 끝이 꺾이지 않도록 주의 한다.

6 롤 브러시에 바람을 줄때는 1cm 간격을 둔 상태에서 바람을 준다.

7 모발 끝이 꺾이지 않도록 주의한다. 모발을 감아 들어가면서 드라이 바람을 준다.

8 1cm 정도 간격을 둔 상태에서 바람을 주어 모발이 손상되지 않도록 주의하면서 시술한다.

9 롤 브러시가 모발을 감아 들어갈 때 텐션을 주면서 감아준다.

10 상부에 스트레이트가 되어야 할 부분에는 텐션을 주는데 주의한다.

11 양옆을 감아줄 때는 얼굴형을 보고 볼륨 크기에 의한 각도를 결정해서 시술한다.

12 모발 끝 부분이 꺾이지 않도록 주의하고 모발을 다 감았을 때도 모발을 식혀 텐션감 있는 웨이브를 연출한다.

13 모발 끝 부분을 감아갈 때 2회전 정도 드라이어로 열을 준 다음 감아 들어가야 모발 끝이 매끈한 상태가 된다.

14 모발 끝 부분의 모발이 꺾이지 않도록 유의한다.

15 바람이 들어갈 때 이미 해놓은 머리에 바람이 가지 않도록 유의하면서 한다.

Chapter 06

플랫 아이론(스트레이트)

플랫 아이론(스트레이트)

모발을 플랫 아이론을 이용하여 직선으로 곧게 펴는 방법으로, 퍼머넌트 웨이브나 곱슬머리를 직선으로 펴주는 테크닉으로 드라이에 비해 빠르고 쉬우며 지속력이 높은 편이다. 플랫 아이론을 이용한 스트레이트는 일반 생머리를 더 매끄럽고 정돈된 느낌으로 펴는 테크닉을 말한다. 스트레이트 형태는 텐션을 유지하고 모발 끝까지 내려온다. 생머리를 매직 아이론으로 펴면 볼륨감이 적어지고, 드라이어로 펴면 볼륨감이 있다. 이러한 차이점을 알고 시술해야 하며 온풍기나 냉풍기에 의해서 모발이 바람에 날리지 않게 주의해야 한다.

시술 전 모습

완성된 전면 모습

완성된 후면 모습

완성된 우측 모습

완성된 좌측 모습

1 아이론을 적절한 온도로 세팅한 후 모발의 텐션이 균일한 상태에서 건조시킨 모발을 5등분 블로킹하여 네이프부터 시작한다.

2 네이프는 모근에서 1cm 정도 띠우고 0˚로 시술한다. 모발 끝 부분은 꼬리빗을 모발 밑에서 바깥쪽으로 넣어 모발의 텐션을 잡아주고, 아이론으로 2~3회 더 시술한다.

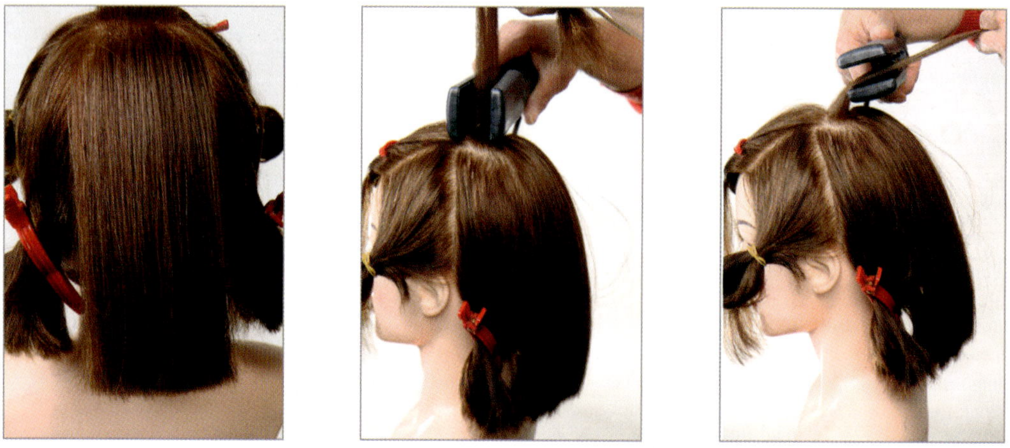

3 후두부에서 두정부까지는 90˚로 들어 모근 쪽을 펴준 다음 다시 0˚로 내려 펴준다. 모근과 모간 부분을 펴줄 때에는 모선 부분을 손으로 잡고 하면 텐션이 좋다.

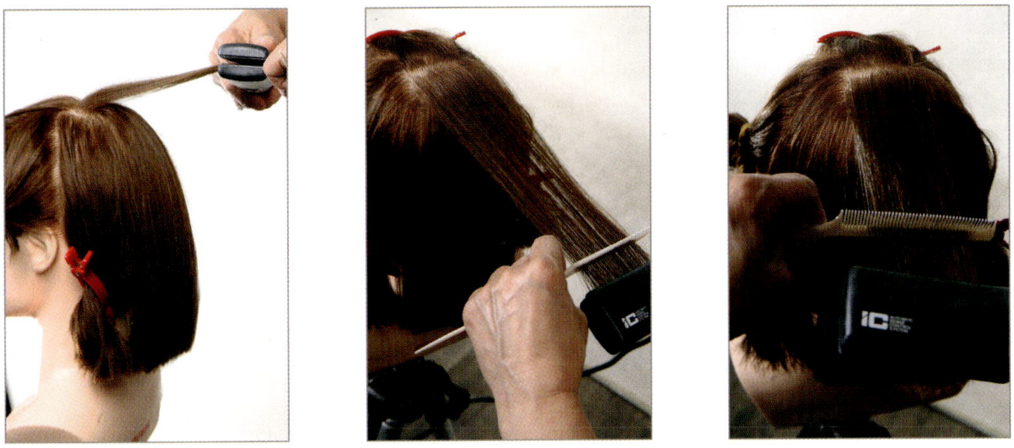

4 각도를 낮추고자 할 때는 아이론으로 펴준 모발을 빗으로 잡아주고 아이론을 모발에서 떼었다가 다시 시술한다.

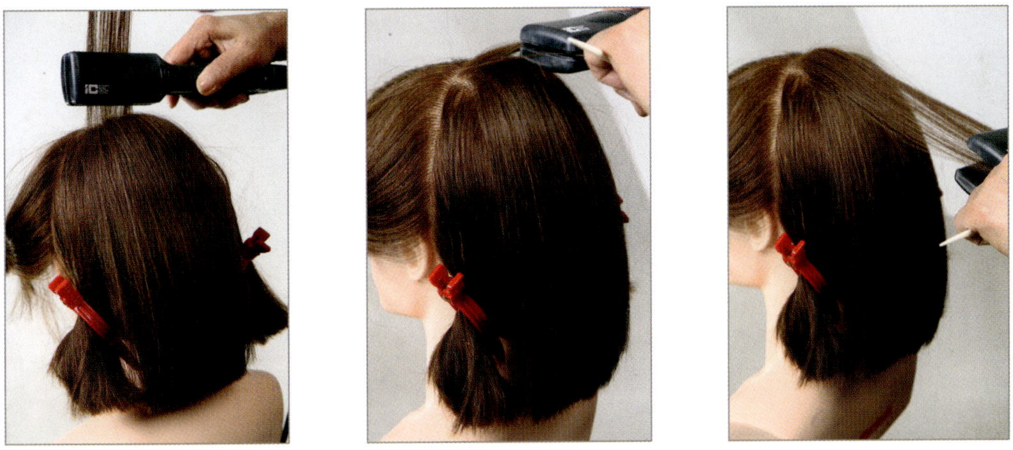

5 톱에서 90˚로 펴준 다음 각도를 다운시켜 펴준다.

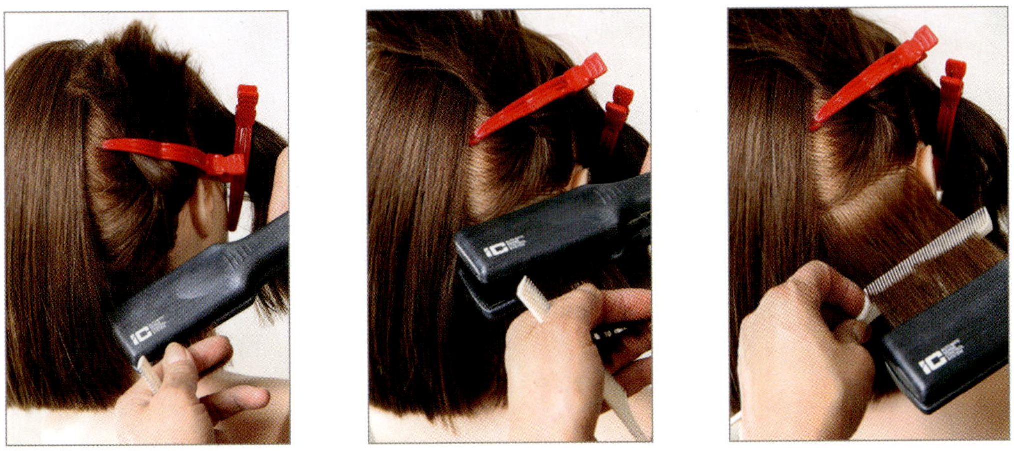

6 네이프 부분의 짧은 모발은 0˚~45˚로 각도를 준다.

7 모발 끝 부분에서는 2~3번 반복해 준다.

8 반복하여 매끄럽게 펴준다.

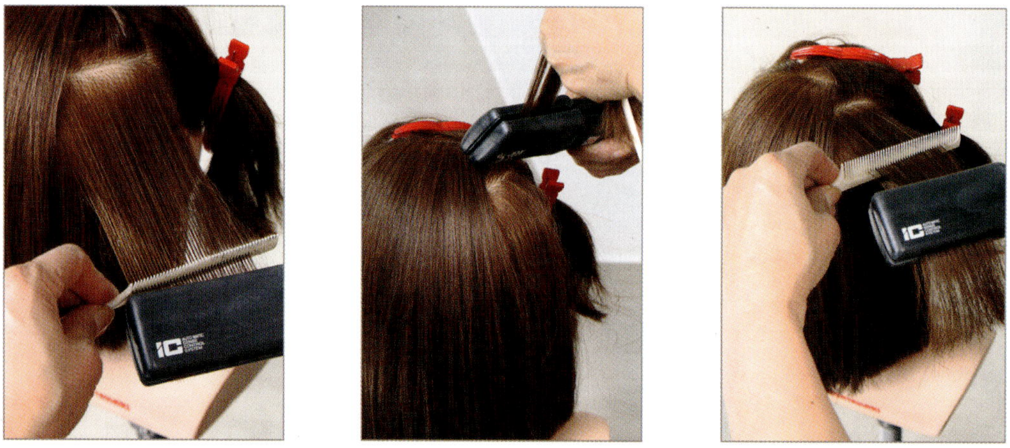

9 모발 끝 부분에서는 빗으로 잡아주고 반복해 준다.

10 모발 끝 부분에서는 반복해 주고 짧은 모발은 각도를 낮춘다.

11 각도를 낮추고 텐션을 주면서 끝 부분에서 천천히 아이론을 빼준다.

12 텐션을 주면서 빗으로 잡아주고 모발 끝을 천천히 빼준다.

13 플랫 아이론을 90°로 펴준 다음 다시 각도를 다운시켜 펴주고 끝 부분에서는 천천히 2~3번 반복해 준다.

14 각도를 다운해서 시술할 때는 먼저 펴줬던 모발을 빗으로 잡아주면서 한다.

15 끝 부분에서는 천천히 빼주면서 2~3회 반복한다.

16 90˚로 펴준 다음 각도를 낮춰 시술한다.

17 사이드에 2번째 단도 마찬가지로 모근 부분은 90˚로 펴주고 중간 부분은 다운해서 펴줘야 하며 끝 부분에서는 천천히 빼준다.

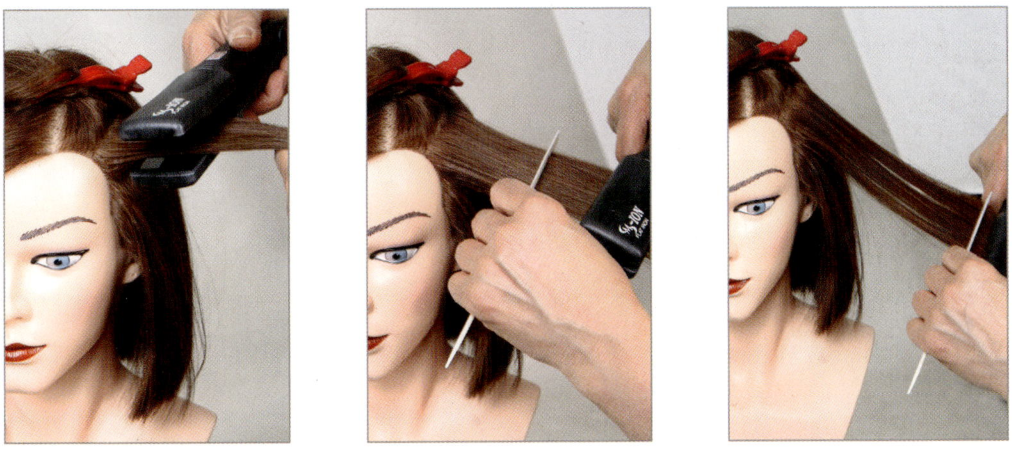

18 90˚로 펴준 다음 다시 각도를 낮추어 펴준다.

19 두상 곡면을 따라 90˚로 펴주고 다시 다운해서 끝까지 펴준다.

20 상단과 동일한 방법으로 진행한다.

21 우측 사이드도 좌측과 동일한 방법으로 모근 부분은 90˚로 들어서 펴주고 중간 부분은 각도를 다운해서 펴주고 모발 끝 부분에서는 천천히 플랫 아이론을 빼준다.

22 모근 부분은 90°로 펴준 다음 다운하여 펴준다. 모발 끝 부분은 서서히 빼준다.

23 모근 부분은 90°로 펴주고 각도를 낮추면서 일정하게 텐션을 줘야 하며 끝 부분에서는 천천히 빼준다.

24 전두부 부분은 특히 자국이 생기지 않도록 주의하면서 볼륨을 줘야 하며, 특히 얼굴 이미지의 조화를 잘 맞추어야 한다.

25 모근에 90˚로 열을 주고 다시 다운하여 매끄럽게 펴준다.

26 텐션을 고르게 주어 웨이브가 생기지 않도록 주의하면서 마무리한다.

Chapter 07

플랫 아이론(안말음)

플랫 아이론(안말음)

모발의 컬 방향을 안으로 말아주어 스트레이트의 정적인 느낌이 아닌 부드러운 여성의 이미지를 연출할 수 있는 스타일이다.

안말음의 정도는 자유자재의 연출이 가능하여 얼굴형에 맞게 응용력이 풍부한 기법으로 일반적인 안말음은 모선 끝에서 웨이브가 형성되는 특징이 있다.

시술 전 모습

완성된 전면 모습

완성된 후면 모습

완성된 우측 모습

완성된 좌측 모습

1 건조된 모발을 5등분 블로킹하고 슬라이스는 2cm 정도 뜬다.

2 모발을 매끄럽게 펴준 후 안말음해야 할 부분에 빗으로 잡아주고 안쪽으로 아이론을 회전하면서 열을 준다.

3 모근에서 1cm정도 뗀 상태에서 매끄럽게 펴준 후 볼륨을 줘야할 부분에서 2~3초 정도 뜸을 들이다가 아이론을 회전시키면서 끝을 빼준다.

4 먼저 안말음으로 해 놓았던 위치에 맞추어서 꺾어주면서 볼륨선을 잘 맞추어 시술한다.

5 스트레이트 해야 할 부분은 매끄럽게 펴주고 볼륨을 줘야 할 부분에 먼저 시술했던 부분과 선을 잘 맞추어 시술한다.

6 안말음으로 꺾어줄 때 약간 뜸을 준다.

7 텐션을 주면서 시술하면 모발에 웨이브가 생기지 않고 매끄러움을 얻을 수 있다.

8 안말음해야 할 위치에서 빗으로 잡아주고 아이론을 회전시키면서 끝을 빼준다.

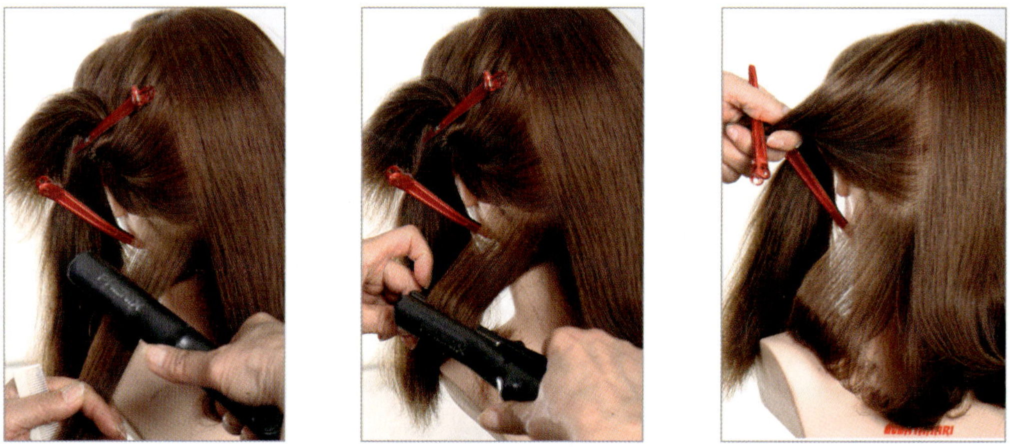

9 텐션을 주면서 모발을 펴주고 안말음으로 꺾어줘야 할 부분에서는 뜸을 들여 고정시킨다.

10 안말음으로 꺾어야 할 부분에 아이론을 90° 정도 꺾어 뜸을 2~3초 정도 주고 아이론을 회전시키면서 모발 끝을 빼준다.

11 모발 끝 부분을 다른 각도로 해야 할 때 빗으로 모발을 잡아주고 안말음으로 꺾어 뜸을 2~3초 정도 주고 아이론을 회전시키며너 모발 끝을 빼준다.

12 빗의 역할을 생각하며 11번과 같은 동일한 방법으로 시술한다.

13 특히 사이드 모발의 섹션은 좁게 뜨고 얼굴형에 맞는 방향감을 고려하여 시술한다.

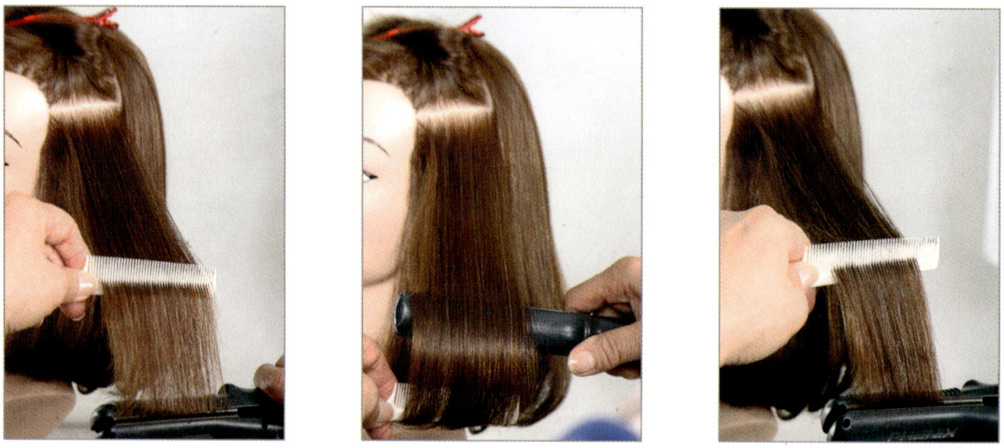

14 안말음해서 아이론을 빼주고 난 후 다시 안말음이 되어야 할 부분에 아이론을 넣어주면 탄력 있는 안말음이 된다.

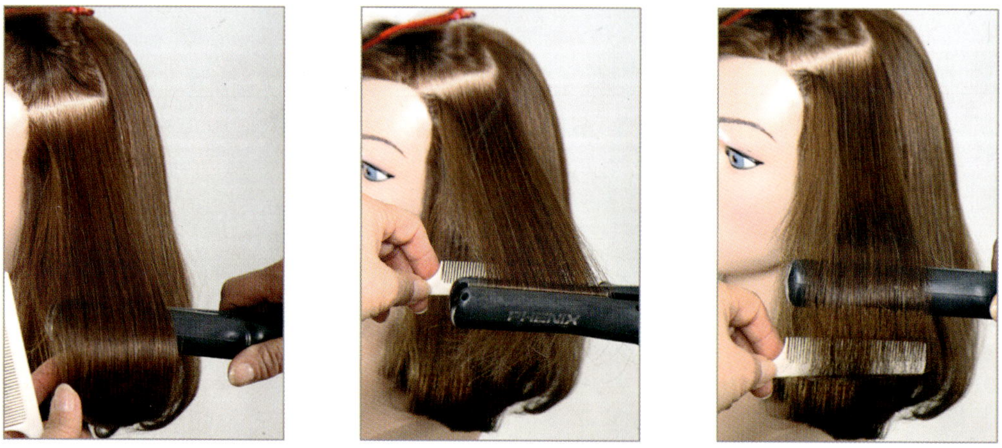

15 빗은 가이드 역할을 하며 아이론을 꼭 따라다닌다.

16 모발 끝부분은 다른 부분보다 더 모발이 손상되어 있으므로 주의하여 천천히 시술한다.

17 빗과 아이론은 꼭 따라다닌다.

18 모발을 매끄럽게 펴준 다음 안말음으로 들어간다. 전두부 모발은 얼굴형에 맞게 유연한 웨이브를 준다.

19 가르마 지점에서 관자놀이 위 지역까지는 C자형으로 모근을 살려주고 관자놀이 아래지역에서 귀 뒤쪽으로 모발을 빼주면 CS웨이브가 형성된다.

20 모근을 살리면서 C자형으로 모발을 빼주고 관자놀이 위쪽에서 S자형이 되도록 귀 뒤쪽으로 빼준다.

Chapter 08

아이론(바깥말음)

아이론(바깥말음)

모발의 컬 방향을 안으로 텐션을 주어 가볍게 스트레이트 한 후 다시 모발 끝을 바깥쪽으로 방향성을 표현하는 기법이다. 아이론의 바깥말음 테크닉은 귀엽고 발랄한 이미지와 함께 생동감이 느껴지는 스타일이다.

시술 전 모습

완성된 전면 모습

완성된 후면 모습

완성된 우측 모습

완성된 좌측 모습

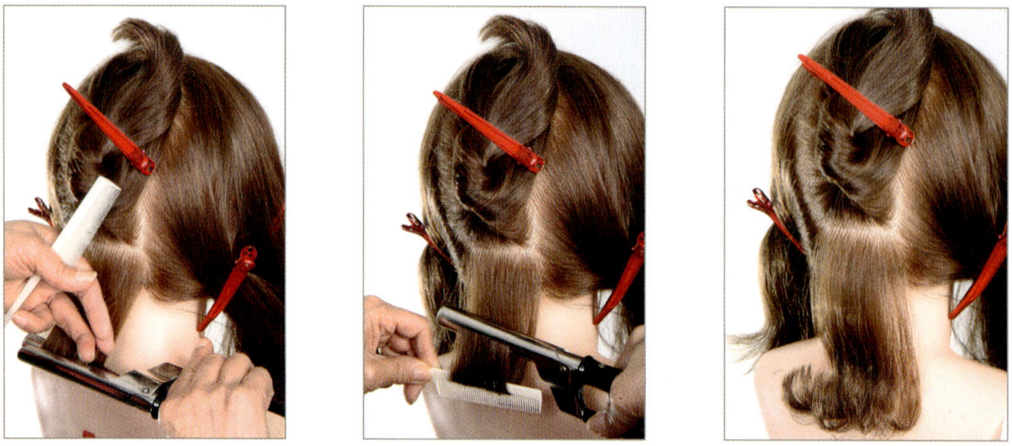

1 5등분 블로킹을 한다. 모발을 가볍게 펴준 후 프롱을 위로 하고 바깥말음으로 하고자 하는 부위에서 꺾어 서서히 빼준다.

2 바깥말음으로 하고자 하는 부위에서는 2~3초 정도 뜸을 들이면서 위로 서서히 빼준다.

3 왼손 검지, 중지로 또는 빗으로 아래쪽으로 눌러주면서 모발 끝을 빼준다.

4 모발을 펴주고 바깥말음으로 하고자 하는 부위에 프롱을 위로 하여 모발을 잡아 시술한다.

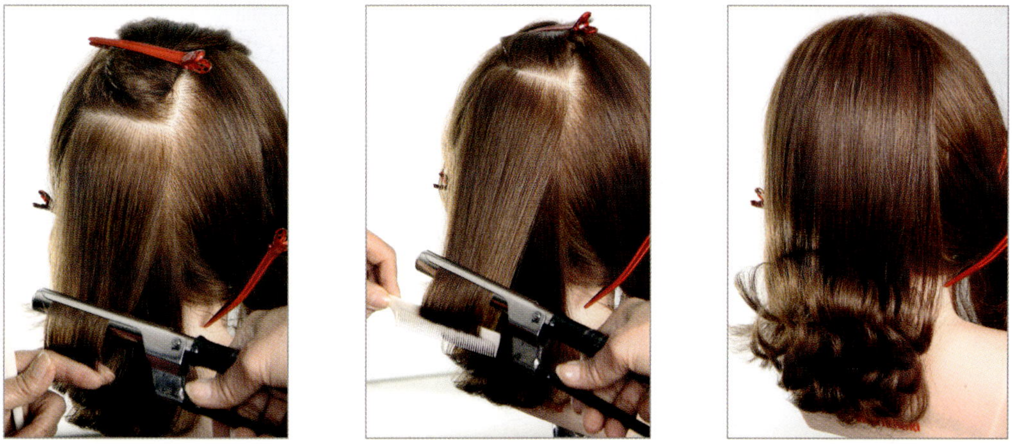

5 왼손가락으로 모발을 잡아당기듯이 하면서 아이론은 그루브가 위로 향하도록 돌리면서 서서히 빼준다.

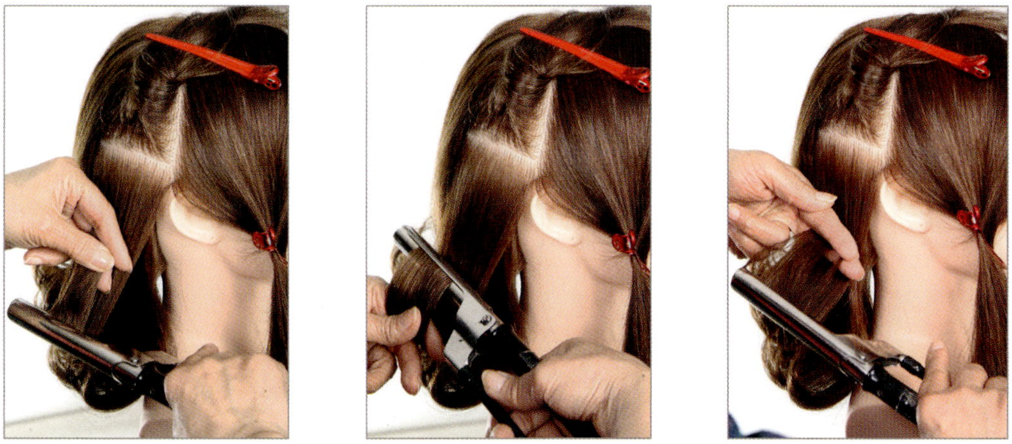

6 프롱을 위로 가게 하고 바깥말음으로 디자인해야 할 위치에서 모발 끝이 정돈되게 해야 한다.

7 바깥말음으로 디자인해야 할 위치에서 항상 왼손이 모발 끝을 정돈해 주고 나서 바깥말음을 하여 서서히 빼준다.

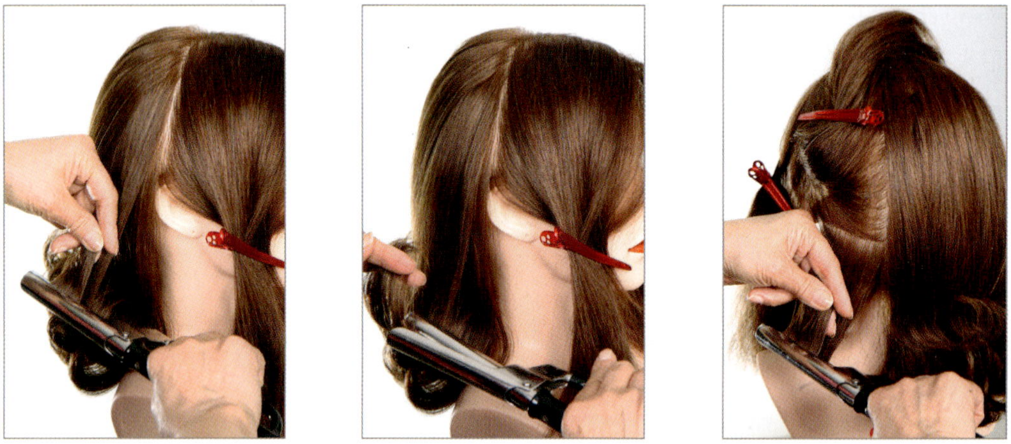

8 아이론을 모발에 대고 나서 왼손은 모발 끝이 흩어지지 않도록 정돈해 준다.

9 왼손은 아이론 아래쪽에서 끌어오면서 아이론을 위로 서서히 빼준다.

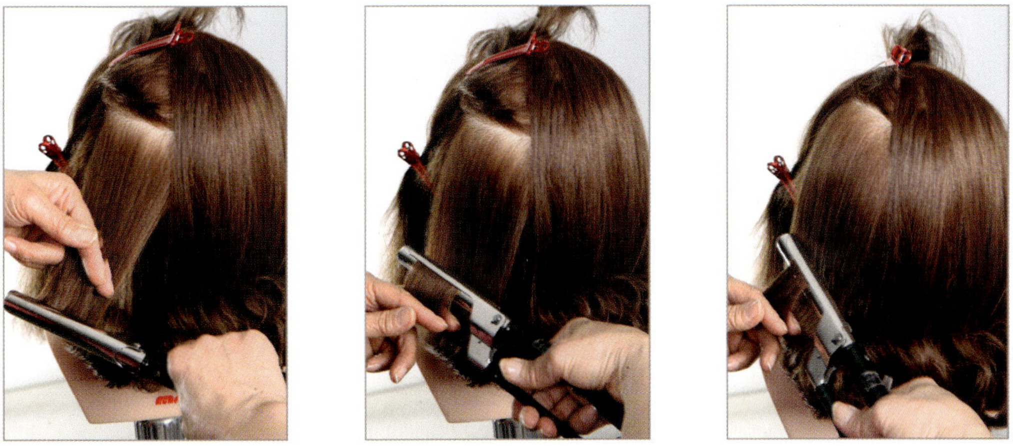

10 반복된 동작으로 한다.

11 바깥말음으로 해야할 부분에 프롱이 위로 가게 하고 아이론으로 모발 끝을 잡고 2~3초정도 뜸을 들이다가 서서히 모발 끝쪽으로 아이론을 빼준다.

12 왼손은 아이론 아래쪽에서 바깥말음을 잡아당긴 듯하면서 아이론은 모발 끝을 서서히 빼준다.

13 모발에 텐션은 주면서 펴준 다음 바깥말음을 한다.

14 왼쪽 손가락으로 모발을 당기면서 아이론은 위로 빼준다.

15 모발이 흩어지지 않도록 왼손으로 도와준다.

16 파팅 부분에 아이론 자국이 나지 않도록 주의하면서 마무리 시술을 한다.

Chapter 09

아이론(세로 웨이브)

아이론(세로 웨이브)

모발의 섹션을 세로로 나누기 때문에 버티컬 웨이브라는 명칭으로 불린다. 모근에서부터 웨이브가 만들어지므로 웨이브를 표현하고자 하는 부분에서 아이론을 세로 또는 대각선의 위치에서 스타일을 만든다. 스파이럴 형태의 포워드 기법과 리버즈 기법이 있다.

시술 전 모습

완성된 전면 모습

완성된 후면 모습

완성된 우측 모습

완성된 좌측 모습

1 4등분 블로킹을 한다. 세로로 2.5cm 남기고 클립으로 고정한다.
수직 슬라이스를 2cm 정도 뜨고 아이론 끝을 아래쪽으로 향하게 하고 시술한다.

2 슬라이스는 2cm 정도 떠서 사선으로 아이론을 개폐하여 프롱을 위로 하고 모근에서부터 바깥쪽으로 감아간다. 2~3초 정도 뜸을 들이고 난 후 조심스레 아이론을 빼준다.

3 후두부 우측을 단계적으로 시술하고 좌측으로 진행하였다.

4 모근 쪽에서부터 사선으로 아이론을 대고 천천히 모발 끝까지 감은 후 2~3초 뜸을 들인 후 아이론을 조심스럽게 빼준다.

5 아이론을 사선으로 대고 모근쪽에서 모발을 감아 천천히 모발 끝까지 감은 후 2~3초 뜸을 들이다가 조심스럽게 아이론을 빼준다.

6 후두부 반대편을 시작한다. 아이론 끝이 위쪽으로 향하게 한다.

7 아이론 끝을 위쪽으로 향하게 하고 모발을 감은 아이론을 2~3초 뜸을 들인 후 조심스럽게 빼준다.

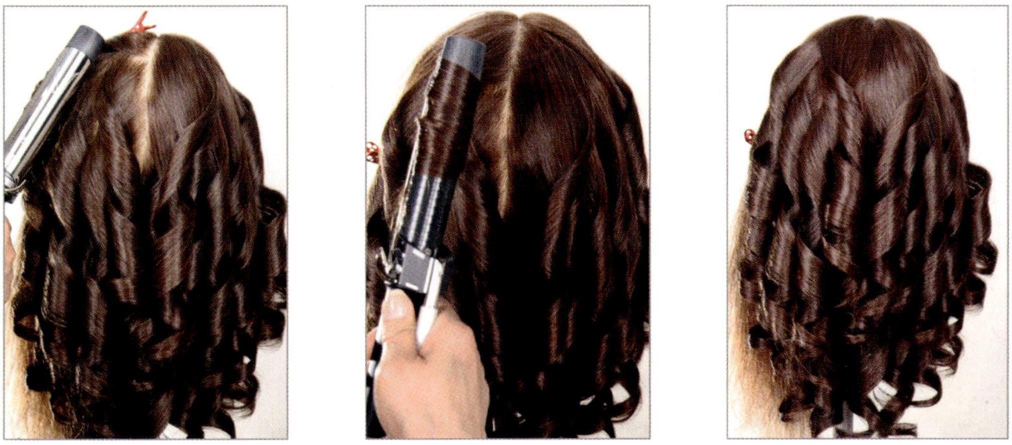

8 뜸을 잘 들여야 컬이 풀어지지 않는다.

9 모발을 한 번 펴준 다음 모근부터 말아간다.

10 매끈하게 모발을 펴준 후 모발을 아이론에 감아 모근 가까이에서 뜸을 들인다.

11 아이론 끝을 위로 가게 하고 모발을 모근에서부터 감은 후 뜸을 2~3초 들이고 조심스럽게 아이론을 빼준다.

Chapter 10

아이론(가로 웨이브)

아이론(가로 웨이브)

아이론을 이용한 기법에서 가로 응용 테크닉은 클립과 함께 시술한다. 아이론의 크기에 따라 웨이브가 달라지므로 고객의 이미지와 현재 모발의 스타일에 따라 아이론을 선택하여 볼륨의 형태를 조절해야 한다.

시술 전 모습

완성된 전면 모습

완성된 후면 모습

완성된 우측 모습

완성된 좌측 모습

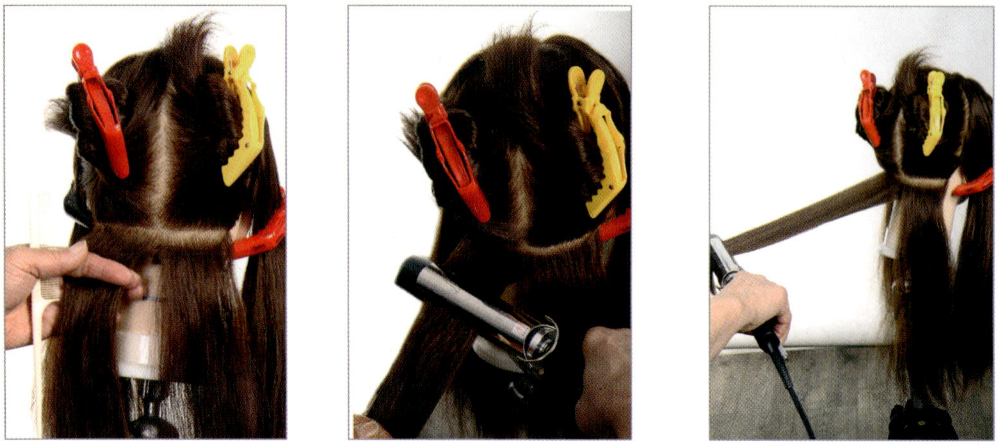

1 4등분 블로킹을 하여 가볍게 텐션을 주면서 모발을 펴준다.

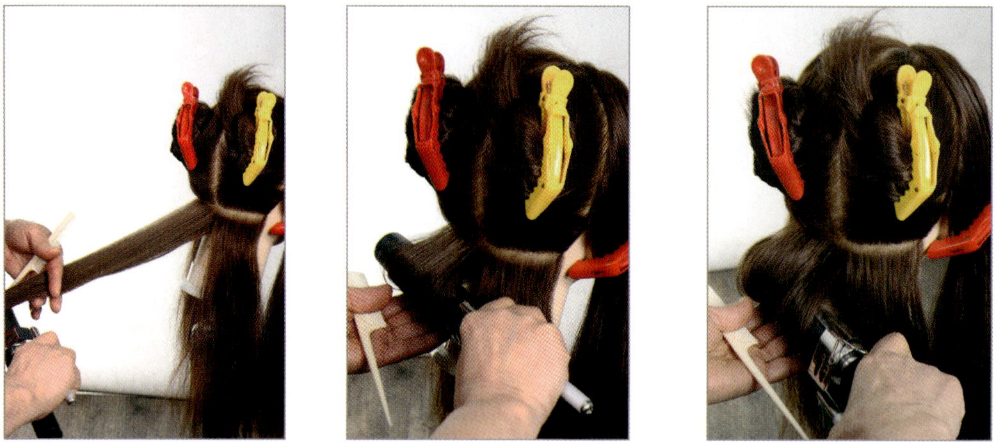

2 모발 끝에서부터 모근 쪽으로 감아준다.

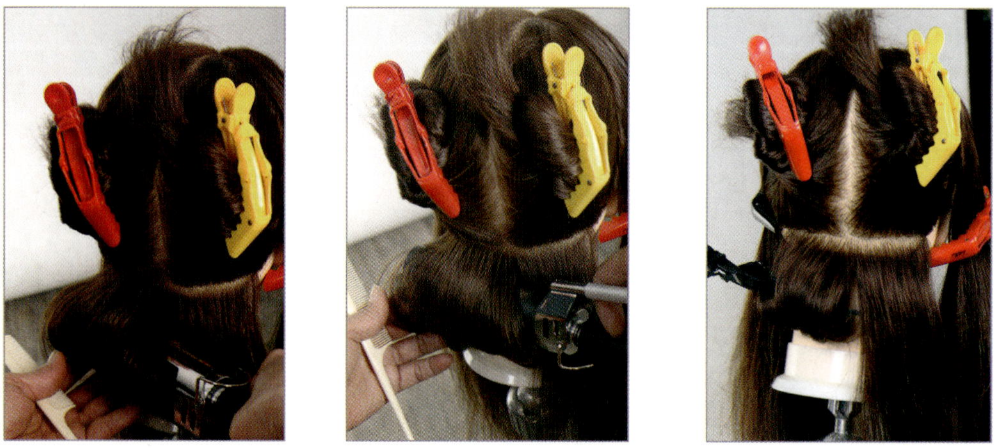

3 아이론을 개폐하면서 2~3초 동안 뜸을 들인 다음 아이론을 빼주면서 핀컬 핀으로 꽂아 놓는다.

4 텐션을 주면서 아이론을 펴준다.

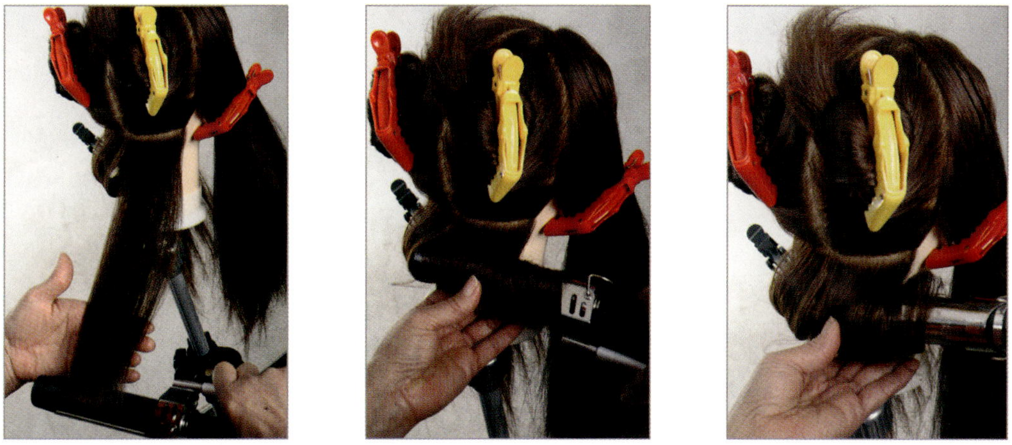

5 모발 끝에서부터 감아가면서 왼손으로는 모발이 흩어지지 않도록 도와준다.

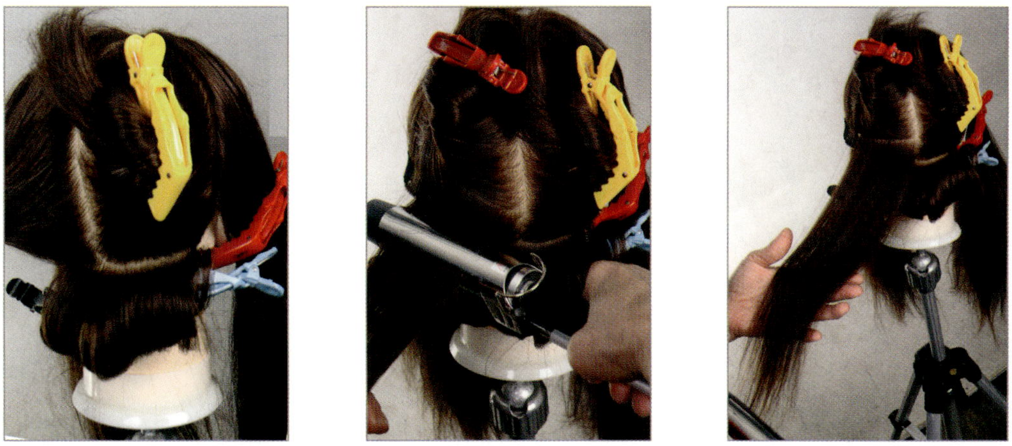

6 컬의 양옆을 핀컬 핀으로 꽂아준다.

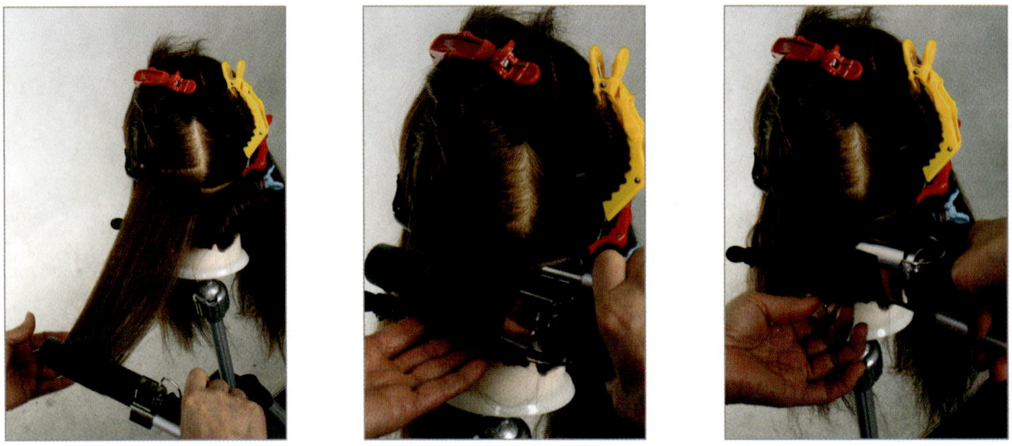

7 모발 끝에서부터 감아줄 때 끝이 풀리지 않도록 조심스럽게 하면서 왼손으로 도와준다.

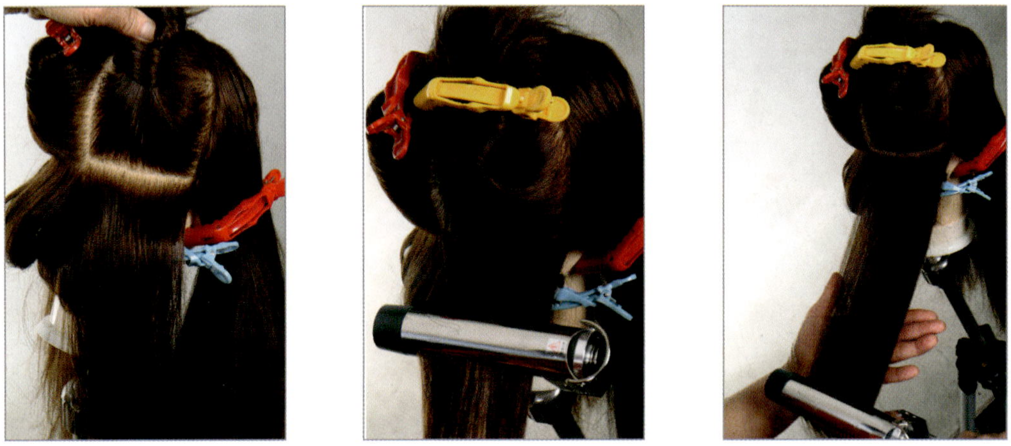

8 스트랜드에 텐션을 주면서 매끄럽게 펴준다.

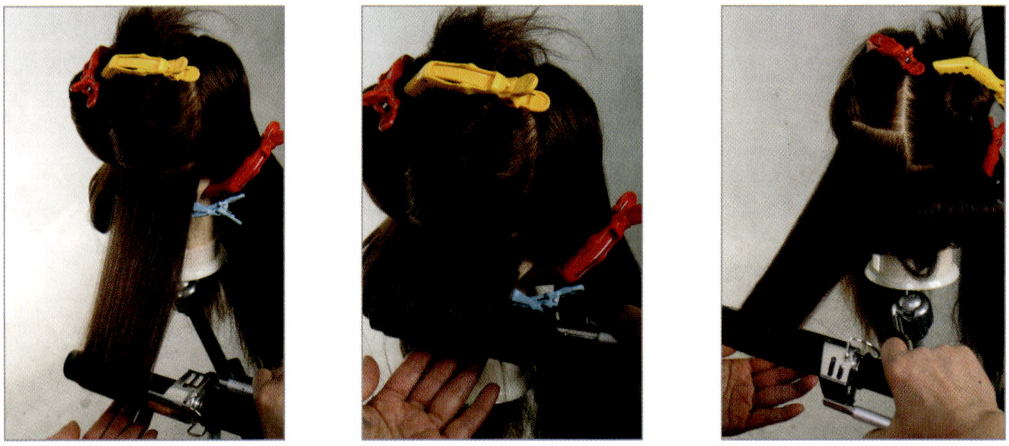

9 모발을 조심스럽게 감아주면서 모발이 흩어지지 않도록 왼손으로 도와준다.

10 모발을 감은 아이론을 2~3초 동안 뜸을 들인다.

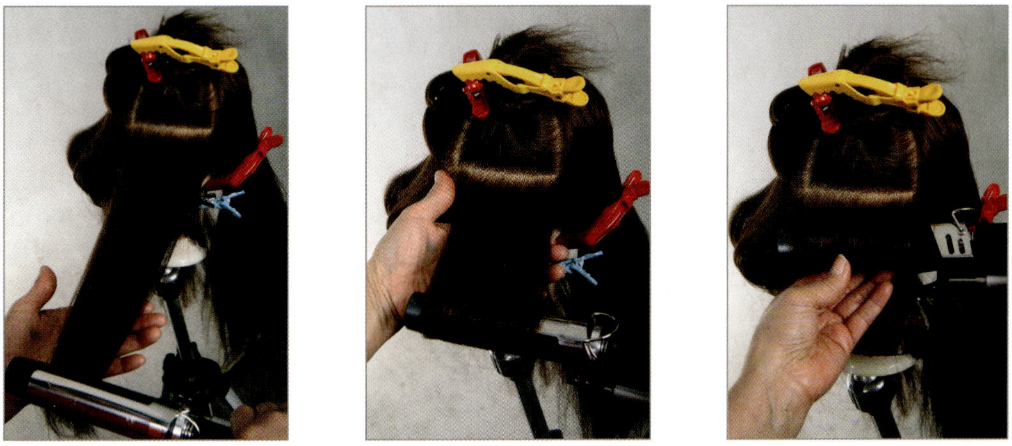

11 모발 끝에서부터 조심스럽게 말아준다.

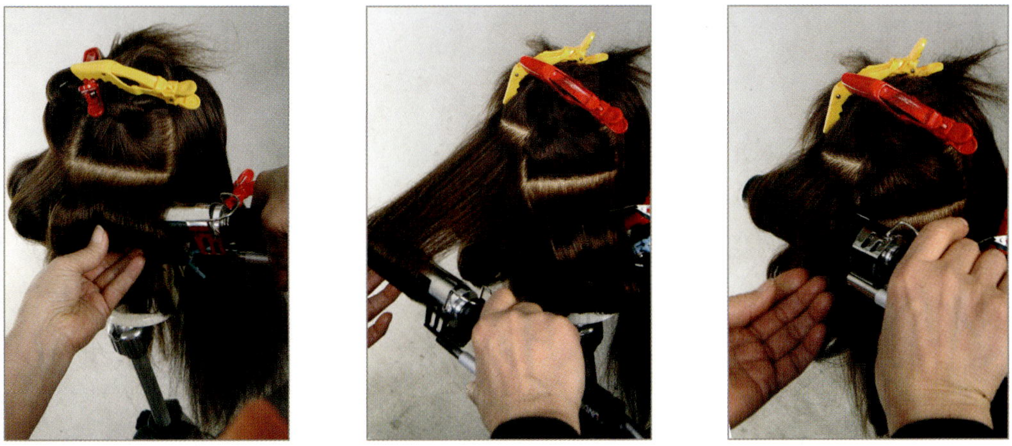

12 모발을 감은 아이론을 2~3초 동안 그루프와 프롱을 열면서 뜸을 들인다.

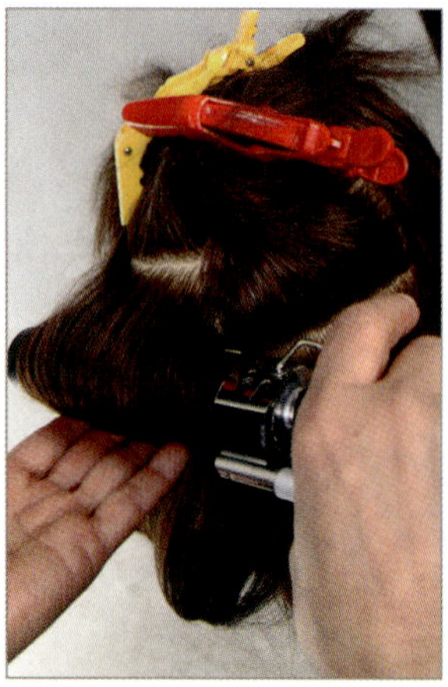

13 모발을 감은 아이론을 모근 가까이까지 왼손이 따라가면서 모발이 흩어지지 않도록 도와준다.

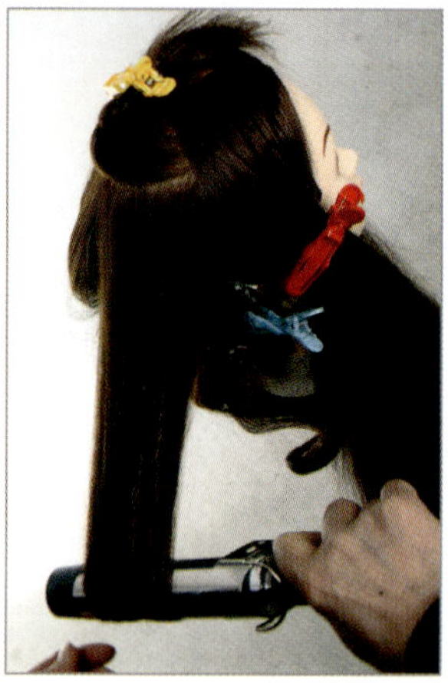

14 모발 끝부터 조심스럽게 감아주면서 왼손이 도와준다.

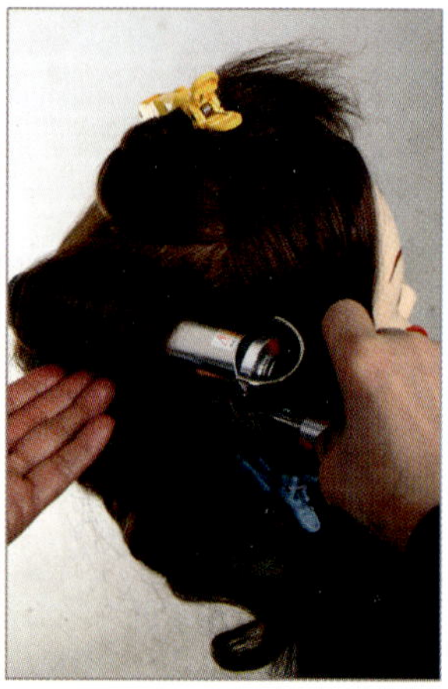

15 모발을 감은 아이론은 뜸을 들이고 난 후 빼준다.

16 모발 끝에서 감아 들어갈 때 모발 끝이 풀리지 않도록 조심한다.

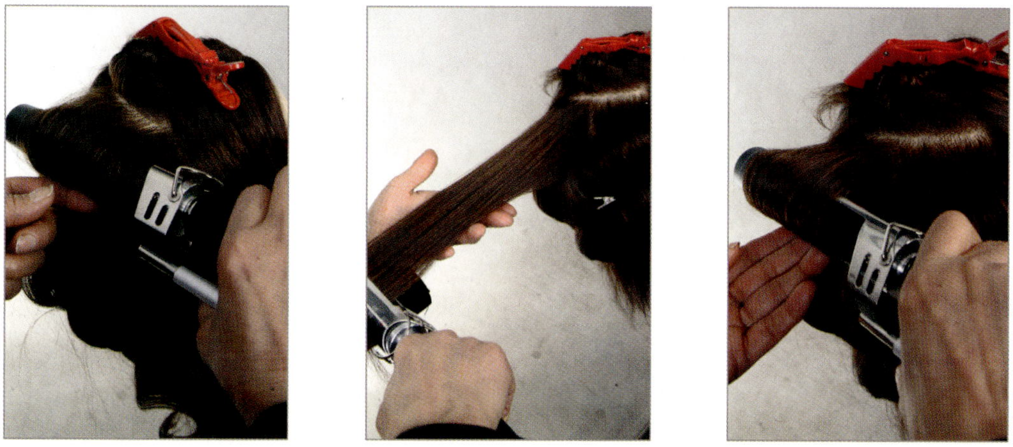

17 모근 가까이까지 감았을 때는 뜸을 2~3초 정도 들인다.

18 아이론을 뺀 후 컬이 풀리지 않도록 핀컬 핀을 꽂아 놓는다.

19 모발에 텐션을 주면서 매끄럽게 펴줘야 한다.

20 모발 끝에서부터 텐션을 유지하며 조심스럽게 아이론에 감아준다.

21 뜸을 들일 때도 왼손으로 아이론을 받쳐주면서 컬이 균형을 잃지 않도록 한다.

22 핀컬 핀으로 컬의 양옆을 꽂아 놓는다.

23 모발을 매끄럽게 펴준 후 모발 끝에서부터 감아 들어간다.

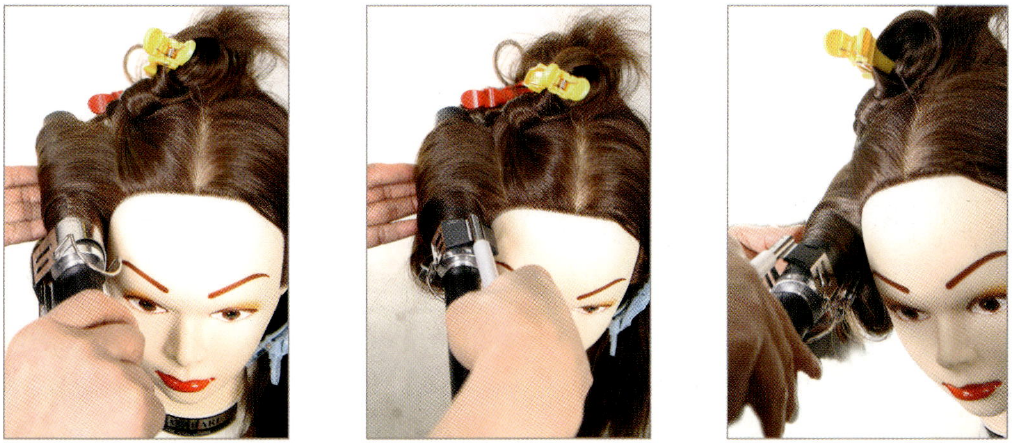

24 2~3초 동안 뜸을 들인다.

25 모발은 텐션을 주면서 매끄럽게 펴준다.

26 다 감은 모발은 왼손이 도와주면서 뜸을 들인다.

27 아이론을 사용할 때는 모발에 손상이 가해지지 않도록 개폐 동작이 자연스러워야 한다.

26 모발을 매끄럽게 텐션을 주면서 펴준다.

27 센터를 기준으로 서로 반대쪽에서 감는다.

28 모발을 가지런하게 펴줄 때도 왼손이 도와준다.

29 뜸을 들일 때도 왼손으로 아이론 아래쪽에서 컬이 흐트러지지 않도록 도와준다.

30 상단과 같은 방법으로 한다.

31 마지막 감은 스트랜드는 맨 마지막 시술한 곳으로 아이론에서 전달된 열을 완전히 식혀 반대쪽과 대칭을 이루도록 한다.

32 손가락이나 빗살이 굵은 빗으로 빗겨 마무리한다.

Chapter 11

아이론(웨이브 지라시)

아이론(웨이브 지라시)

일정한 웨이브 형태로 계속 진행되며 우아해 보이고 고풍스러운 느낌의 스타일이다. 얼굴형 이미지와 맞게 리지를 형성하여 자연스러운 웨이브가 연결될 수 있도록 시술한다.

특히 아이론을 이용한 웨이브는 긴 머리에 효과적이다.

시술 전 모습

완성된 전면 모습

완성된 후면 모습

완성된 우측 모습

완성된 좌측 모습

1 5등분 블로킹을 한다. 모발을 펴준 다음 아이론을 사선으로 프롱이 위로 가게 놓는다.

2 아이론을 모발 끝쪽으로 5~6번 개폐 동작을 하면서 내려온다.

3 다시 한 번 아이론을 한 바퀴 돌려주면 모발 끝쪽이 아이론에 감겨진 가운데 쪽으로 넘어온다. 모발 끝까지 개폐 동작을 한다.

4 모발을 펴준 다음 아이론을 사선으로 놓는다. 한 바퀴 돌리면 모발이 아이론 손잡이 쪽으로 넘어온다.

5 다시 한 바퀴 돌리면 모발 끝쪽이 아이론에 감겨진 모발의 가운데 쪽으로 넘어온다. 계속 개폐 동작을 한다.

6 아이론 시술이 끝난 모발은 양손으로 웨이브를 만든다.

7 모발을 펴준 후 개폐 동작을 5~6번 하고 한 바퀴 돌린다. 다시 또 한 바퀴 돌리면 모발 끝쪽이 아이론 가운데로 넘어온다.

8 아이론 시술 후 양손으로 웨이브를 만든다.

9 스트레이트를 펴준 후 아이론으로 한 바퀴 돌린다.

10 또 한 바퀴를 돌리면 아이론에 감겨진 모발의 가운데 쪽으로 넘어온다.

11 모발 끝까지 개폐 동작을 하면서 내려온다.

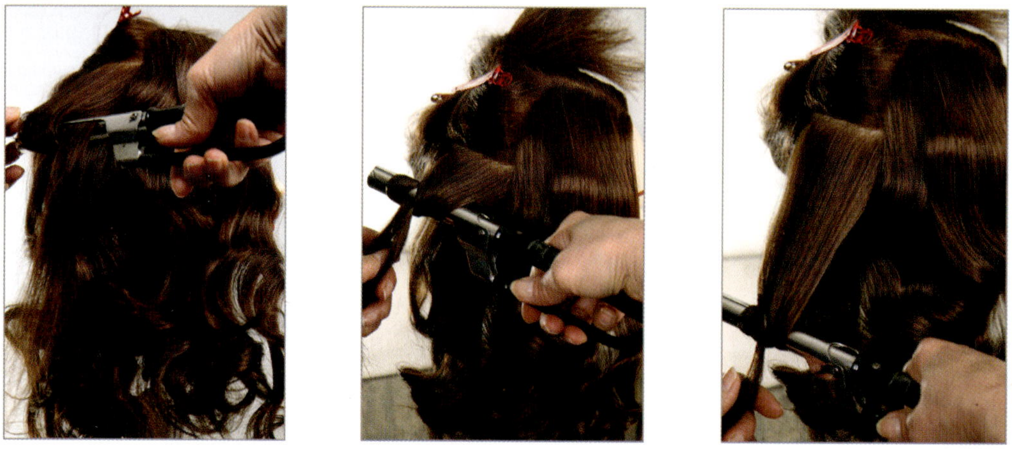

12 한 바퀴 돌리고 두 바퀴를 돌리면 모발 가운데 쪽으로 넘어온다.

13 양손으로 웨이브를 만든다.

14 아이론을 끝나고 바로 웨이브를 양손으로 만들어야지 그렇지 않으면 위로 올라 가버리는 단점이 있다.

15 상단과 같은 방법으로 시술한다.

16 웨이브를 내고자 한 위치에 프롱을 위로 가게 하고 아이론을 놓는다.

17 모발을 펴준다. 5~6번 개폐 동작 후 한 바퀴 회전 후 다시 회전하면 가운데로 모발이 넘어온다.

18 모발 끝 부분에 와서 끝머리를 놓지 말고 재빨리 위쪽부터 웨이브를 두 손으로 만든다.

19 한 바퀴 돌리고 또 한 바퀴 돌리면 스트랜드가 아이론 가운데로 넘어온다. 모발 끝까지 개폐 동작을 한다.

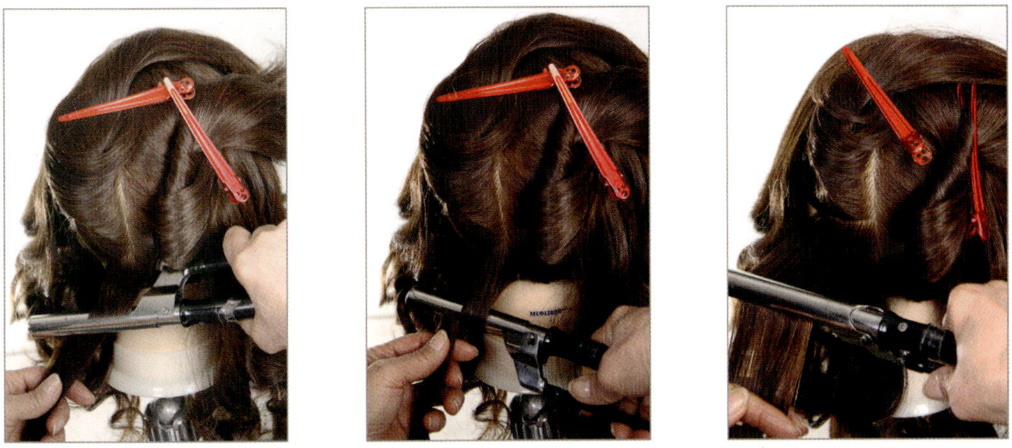

20 프롱을 위로 하고 아이론은 사선으로 모발을 잡아준다.

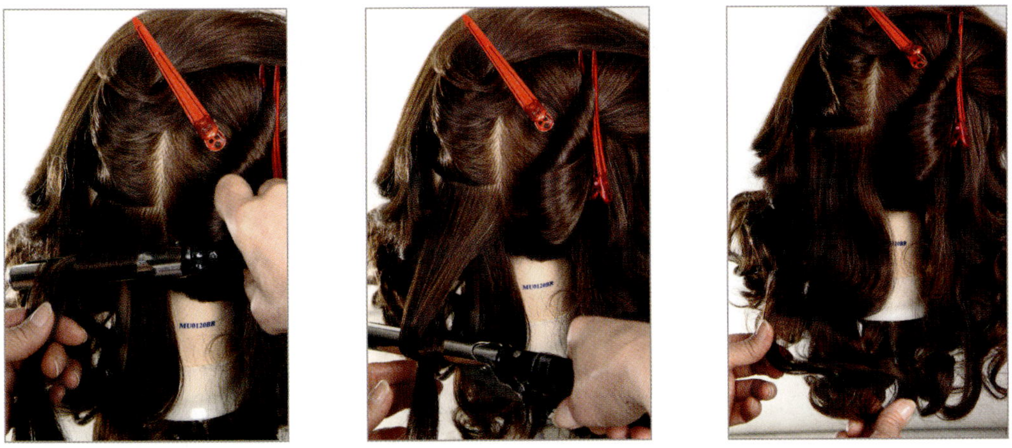

21 두 바퀴를 돌려서 개폐 동작 후 웨이브를 양손으로 만든다.

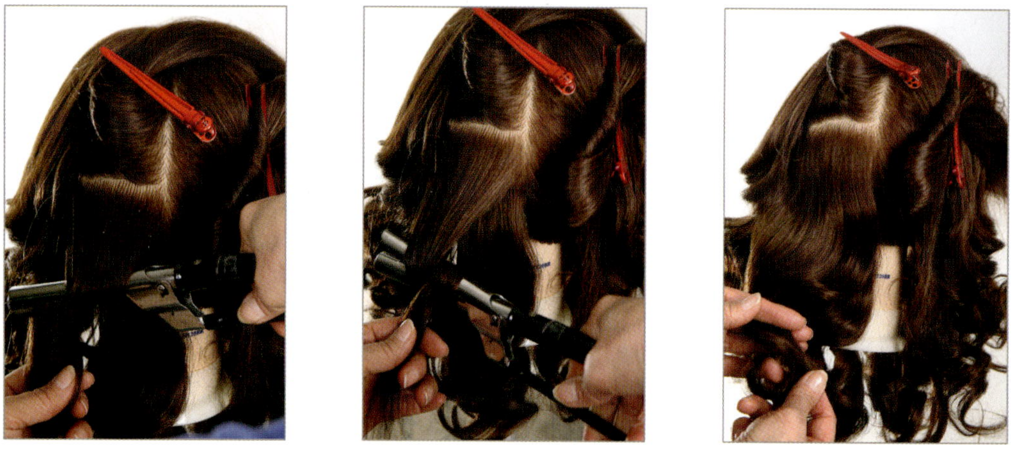

22 아이론을 한 바퀴 회전하고 두 바퀴 회전한 다음 양손으로 웨이브를 잡아준다.

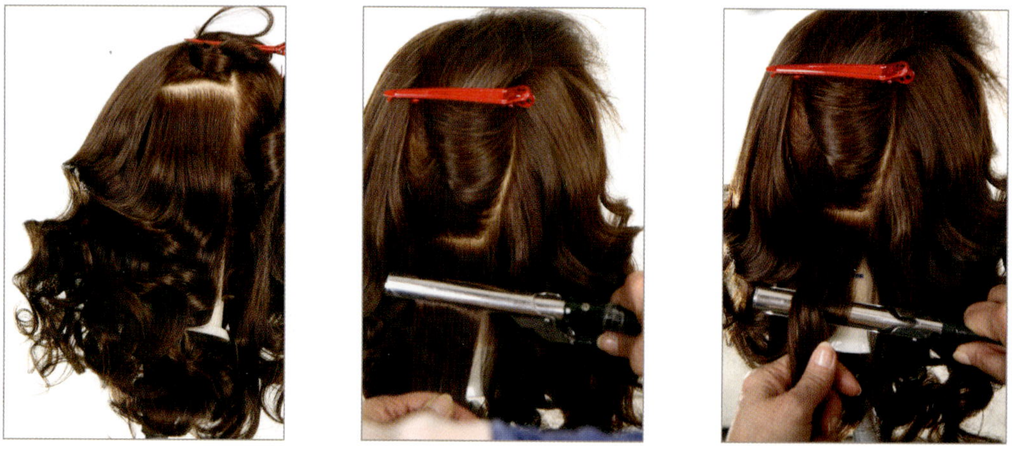

23 같은 방법으로 진행하여 마무리한다.

Chapter 12

아이론(마셀 웨이브)

마셀 웨이브(Marcel wave)

마셀 웨이브는 마셀 아이론을 사용하여 부드러운 S자형의 웨이브를 만드는 것이 특징이다. 모발을 충분히 빗질하고 마셀을 머리카락 방향과 스트랜드 면에 대하여 각각 직각이 되도록 하여 시술한다. 마셀의 그루브를 스트랜드 면에 위치하여 왼쪽 부위를 약간 짧게 오른쪽이 약간 길게 하여 사선이 되도록 잡는다. 마셀을 이용한 웨이브는 모발의 길이에 상관이 없어 보통 발표회, 연극, 파티 등의 스타일 연출에 많이 응용된다.

시술 전 모습

완성된 전면 모습

완성된 후면 모습

완성된 우측 모습

완성된 좌측 모습

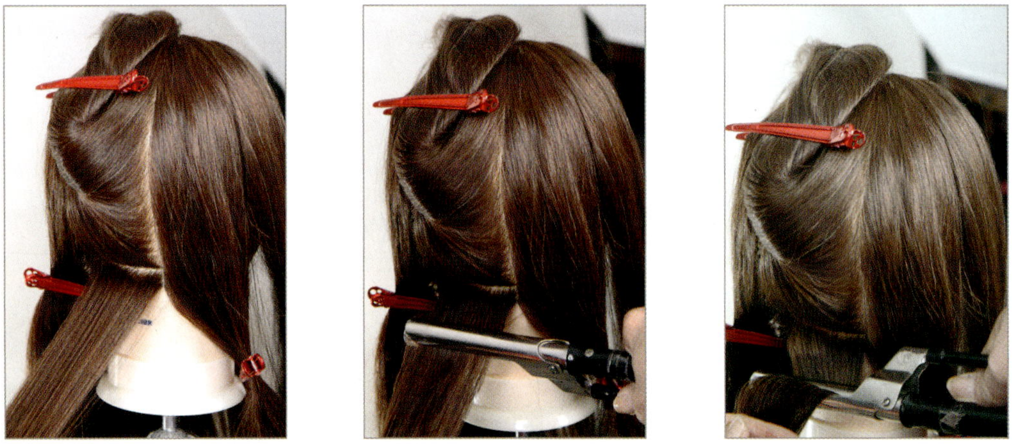

1 4등분 블로킹하고 슬라이스는 1.5cm 정도 뜬다.

2 모발을 매끈하게 펴준 다음 마셀의 프롱을 위로하고 사선으로 하여 모발에 시술한다.

3 아이론을 90°로 꺾은 후 웨이브의 단면에 약간 굴리듯이 리지를 만든다.

4 아이론을 빼고 리지를 건너 닫힌 면에 대고 모근 쪽으로 90° 정도 꺾은 다음 굴리듯이 아이론을 당기면서 리지를 만든다.

5 프롱을 위로하고 아이론을 90° 로 모근 쪽으로 꺾은 다음 아이론을 굴리면서 다시 리지를 만든다. 연속적인 동작으로 끝까지 한다.

6 프롱을 위로하고 아이론을 모근 쪽으로 90° 로 꺾은 다음 굴리듯이 형성 하고자 하는 웨이브 간격을 두고 마셀을 빼주면 리지가 형성된다.

7 아이론을 90˚로 모근 쪽으로 꺾고 마셀을 굴리듯이 웨이브 간격에 맞추어 마셀을 빼준다.

8 다음 리지도 90˚로 모근 쪽으로 꺾은 다음 마셀을 굴리듯이 빼주며 다음 리지를 준비한다.

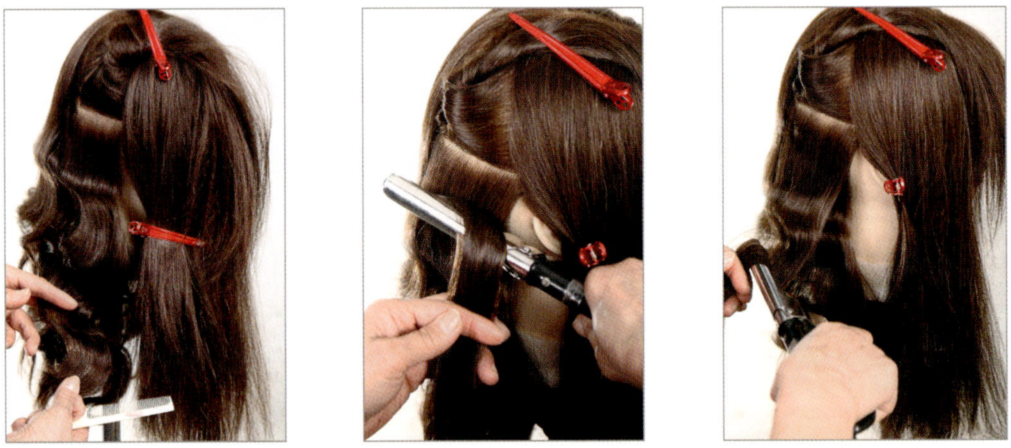

9 마셀을 모발에 약간 사선으로 대고 모근 쪽으로 90˚로 꺾은 다음 마셀을 굴리듯이 모발 끝쪽으로 당긴 후 다음 섹션을 준비한다.

10 마셀은 90° 로 모근 쪽으로 꺾은 다음 모발 끝쪽으로 굴리듯이 당긴다.

11 프롱을 위로 하고 모근 쪽으로 90° 정도 꺾은 다음 닫힌 면을 굴리듯이 당긴다.

12 리지를 건너 프롱을 위로하고 90° 로 모근 쪽으로 꺾은 다음 굴리듯이 닫힌 면을 모발 끝쪽으로 당긴다

13 마셀 웨이브를 형성하고자 하는 위치까지 연결하면서 모발 끝까지 진행한다.

14 리지를 만들기 위해서는 프롱을 위로하고 마셀을 90° 로 모근 쪽으로 꺾은 다음 굴리듯이 마셀을 모발 끝쪽으로 당긴다.

15 프롱을 위로 하고 90° 정도 모근 쪽으로 꺾은 다음 굴리듯이 모발 끝쪽으로 당기듯이 굴리면서 모발 끝까지 같은 방법으로 한다.

Chapter 13

아이론(뿌리 살리기)

아이론(뿌리 살리기)

모발의 모근 쪽 뿌리를 살리는 기법으로 아이론의 사용방법을 정확히 익혀 시술한다. 모근부를 살린 스트레이트 머리의 포니테일 헤어스타일은 깔끔한 연출이 가능하다. 드라이어를 이용하여 뿌리를 살릴 경우 볼륨 형성이 잘 되지만 정전기 발생이 쉬우므로 주의한다.

시술 전 모습

완성된 전면 모습

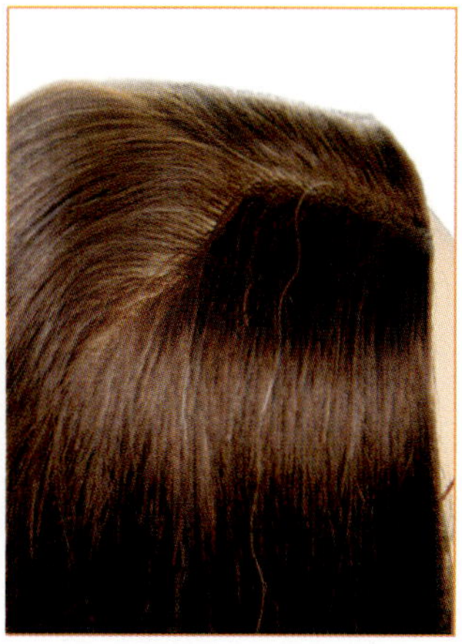

완성된 윗면 모습

1 슬라이스는 1.5cm 정도 뜨고 90˚로 모발을 들고 아이론을 대서 서서히 120˚정도 뿌리가 살아야 할 부분으로 밀어준다.

2 모발을 90˚로 들고 아이론을 모발 속에 넣은 다음 아이론을 120˚로 전두부로 밀어준 다음 서서히 아이론을 90˚로 꺾어주면서 아이론을 빼준다.

3 동일한 방법으로 정수리까지 한다.

4 가르마가 있는 부분은 아이론 자국이 나지 않도록 왼손으로는 스트랜드를 잡아주고, 오른손으로 잡은 아이론의 그루브가 눌러지지 않도록 주의한다.

5 사이드 부분은 기본으로 살려준다. 먼저 했던 모발은 한쪽으로 젖혀 놓고 한다.

6 각도는 120° 이상으로 시술한 후 다시 아이론을 90°로 시술자의 가슴 쪽으로 꺾어주면서 서서히 아이론을 빼준다.

7 U라인 지역까지 어느 부분도 빠진 데가 없어야 볼륨이 균일하다.

8 120° 이상 들어서 살려주어 서서히 각도를 90° 정도 시술자의 가슴 쪽으로 꺾어 준다.

9 그루브를 위로 해서 90° 이상 들어준 다음 아이론을 90° 이상 시술자 앞으로 꺾어 주면서 아이론을 빼준다.

10 모발을 잡고 프롱 안으로 가로질러서 그루브를 닫으면서 또는 열린 상태에서 둥글게 가볍게 회전하면서 모근을 살린다.

11 대칭이 되도록 양쪽의 균형을 살피면서 시술한다.

12 뿌리 볼륨을 마무리한다.

Chapter

14 아이론(포워드)

시술 전 모습

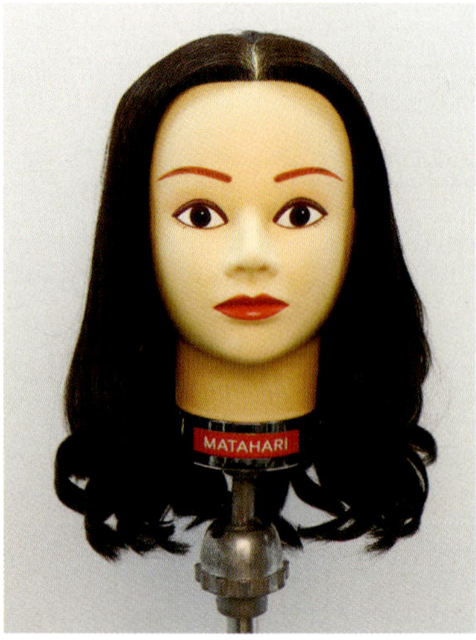

완성된 전면 모습

완성된 후면 모습

완성된 우측 모습

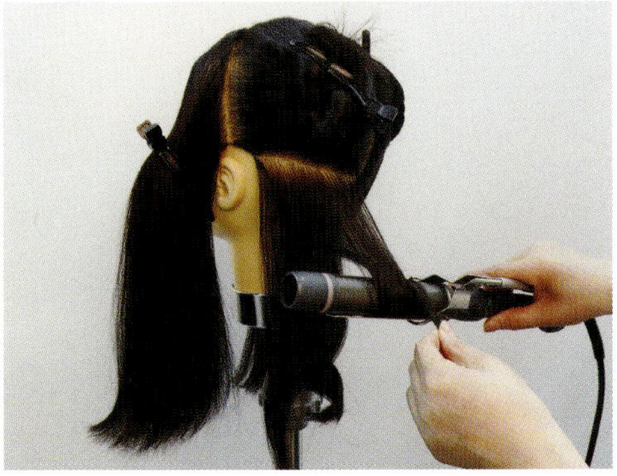 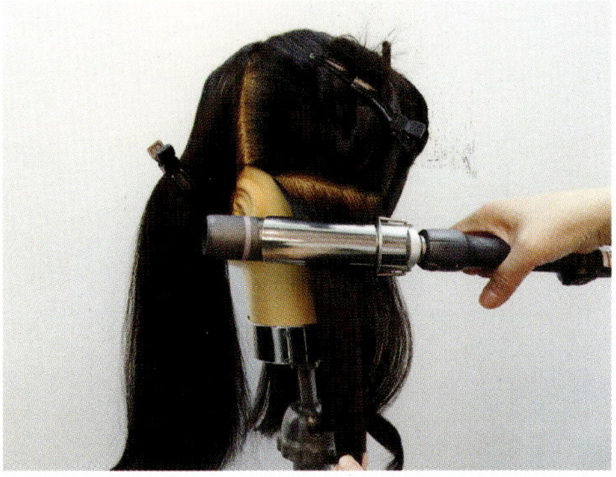

1 모발의 섹션을 가로로 나누기 때문에 호리존탈 웨이브라는 명칭으로 불린다. 모근에서부터 웨이브가 만들어지므로 웨이브를 표현하고자 하는 부분에서 아이론을 세로 또는 대각선의 위치에서 스타일을 만든다.

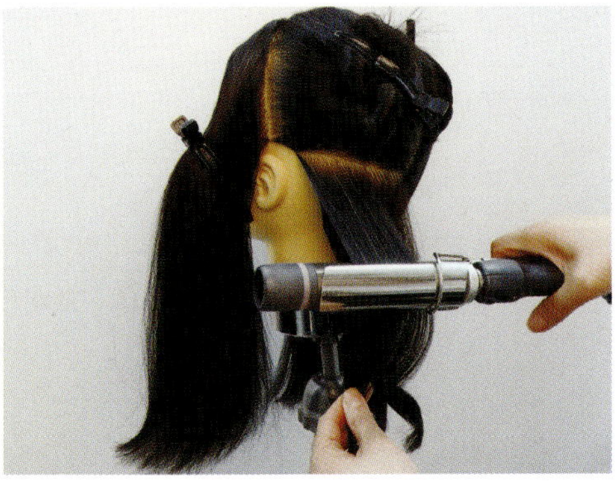 

2 스파이럴 형태의 포워드 기법과 리버즈 기법이 있다. 4등분 블로킹을 한다. 세로로 2.5cm 남기고 클립으로 고정한다. 모발을 매끄럽게 텐션을 주면서 펴주고 센터를 기준으로 서로 반대쪽에서 감는다.

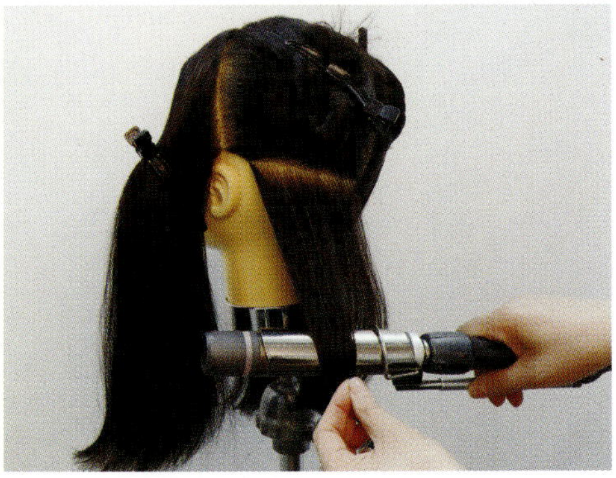 

3 수직 슬라이스를 2cm 정도 뜨고 아이론 끝을 아래쪽으로 향하게 하고 시술한다. 뜸을 들일 때도 왼손으로 아이론을 받쳐주면서 컬이 균형을 잃지 않도록 한다. 슬라이스는 2cm 정도 떠서 사선으로 아이론을 개폐하여 프롱을 위로 하고 모근에서부터 바깥쪽으로 감아간다.

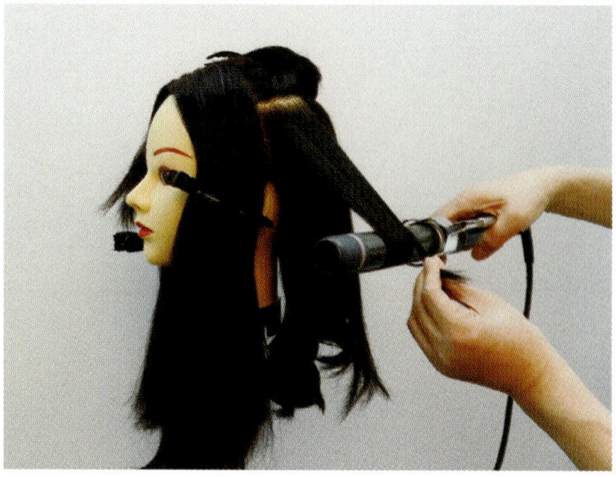

4 2~3초 정도 유지한 후 조심스레 아이론을 빼준다. 뜸을 들일 때도 왼손으로 아이론 아래쪽에서 컬이 흐트러지지 않도록 잡아 준다. 후두부 우측을 단계적으로 시술하고 좌측으로 진행한다.

5 모근 쪽에서부터 사선으로 아이론을 대고 천천히 모발 끝까지 감은 후 2~3초 유지 후 아이론을 조심스럽게 빼준다. 아이론을 사선으로 놓고 모근 쪽에서 모발을 감아 천천히 모발 끝까지 감은 후 2~3초 유지 후 조심스럽게 아이론을 빼준다.

6 모발의 결을 정리한 다음 모근부터 말아 간다. 모발을 감은 아이론을 모근 가까이까지 왼손이 따라가면서 모발이 흩어지지 않도록 도와준다. 아이론 끝을 위로 가게 하고 모발을 모근에서부터 감아 얼굴을 감싸는 방향으로 진행한다.

7 두정부까지 같은 방법으로 진행한다. 아이론을 이용한 기법에서 가로 응용 테크닉은 클립과 함께 시술한다. 아이론의 크기에 따라 웨이브가 달라지므로 고객의 이미지와 현재 모발의 스타일에 따라 아이론을 선택하여 볼륨의 형태를 조절해야 한다.

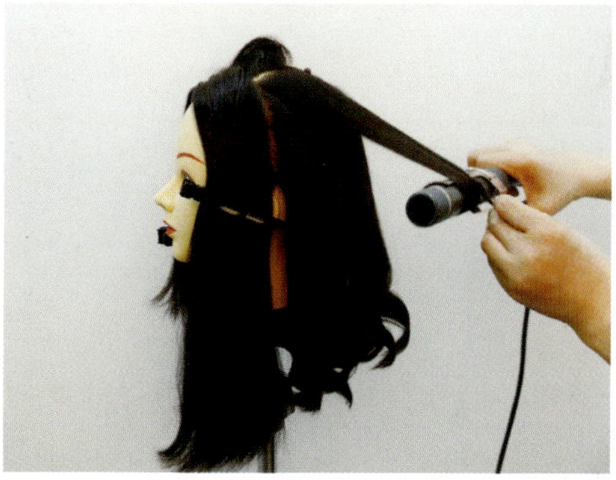

8 매끈하게 모발을 펴준 후 모발을 아이론에 감아 모근 가까이에서 뜸을 들인다. 스트랜드에 텐션을 주면서 매끄럽게 펴준다. 모발을 조심스럽게 감아 주면서 모발이 흩어지지 않도록 왼손으로 도와준다.

9 모발 끝에서부터 감아줄 때 끝이 풀리지 않도록 조심스럽게 하면서 왼손으로 도와준다.

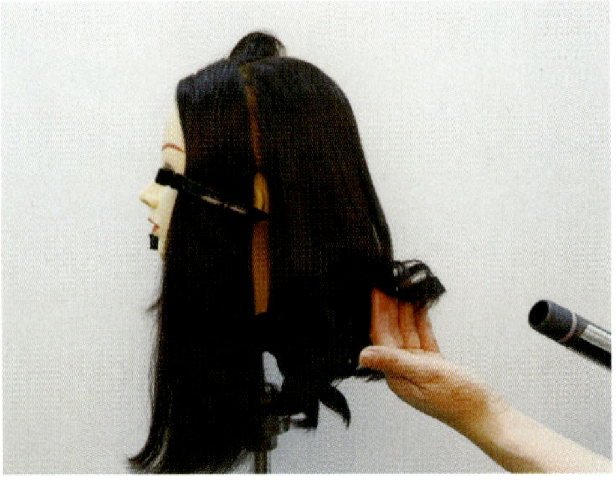

10 모발을 감은 아이론을 2~3초 동안 유지한다

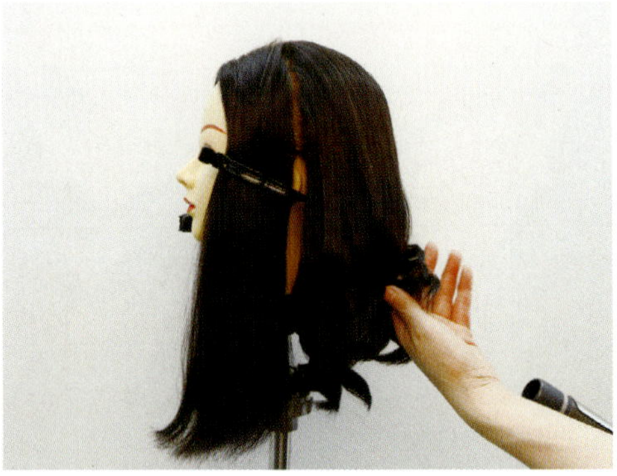

11 모발을 감은 아이론을 2~3초 동안 유지한 후 빼준다.

12 모발이 당기지 않게 하고 텐션을 주면서 아이론을 빼준다. 반대쪽도 진행한다.

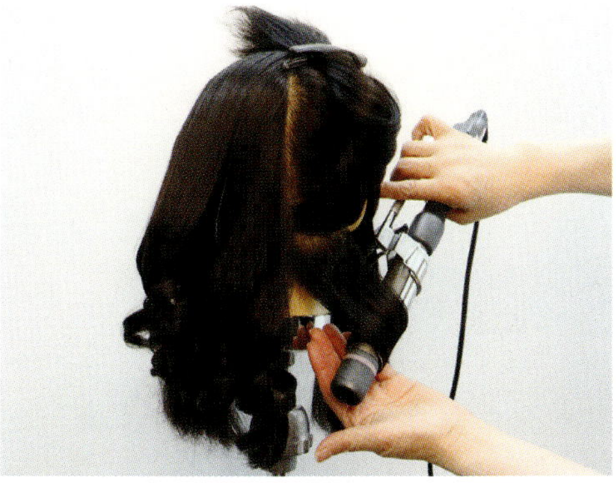
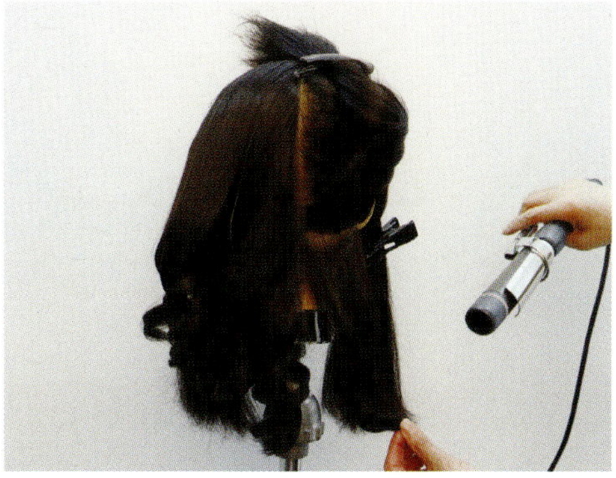

13 반대쪽은 아이론의 끝이 아래로 향하듯 세워서 진행한다.

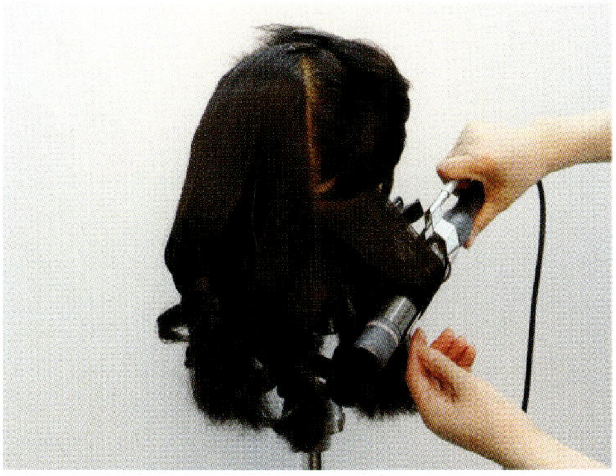
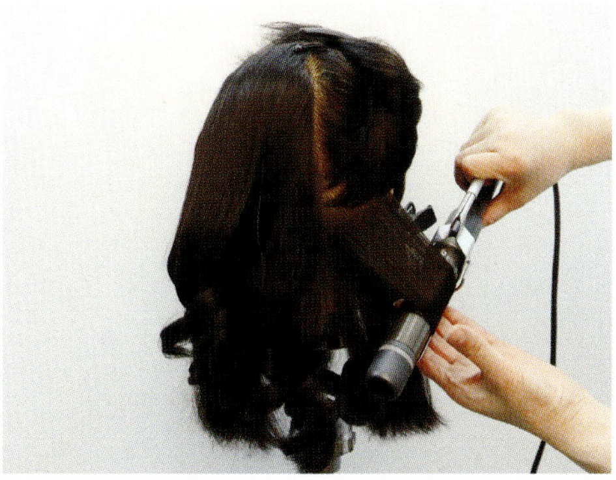

14 얼굴을 감싸는 방향으로 모발을 감고 계속 같은 방법으로 진행한다.

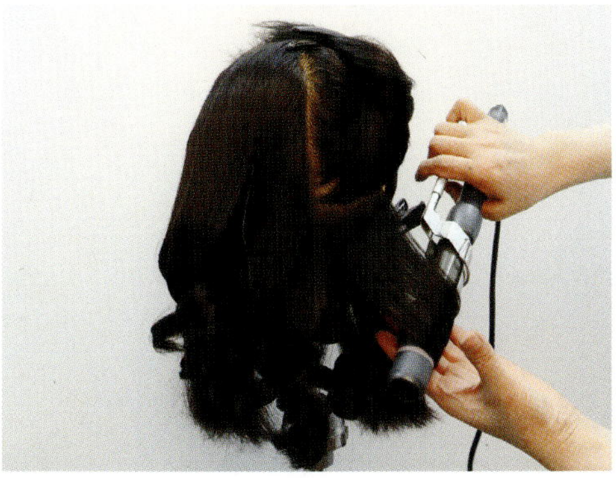
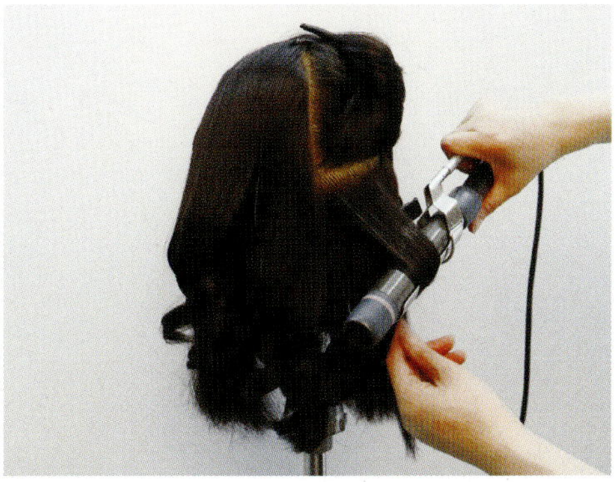

15 아이론을 개폐하면서 2~3초 동안 뜸을 들인 다음 아이론을 빼주면서 핀컬 핀으로 꽂아 놓는다

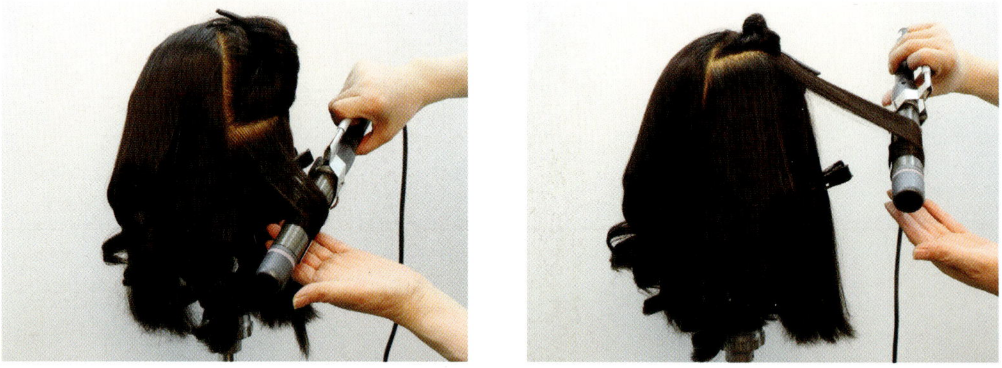

16 모발 끝에서부터 모근 쪽으로 감아준다. 아이론을 개폐하면서 2~3초 동안 유지 후 다음 아이론을 빼주면서 핀컬 핀으로 꽂아 놓는다.

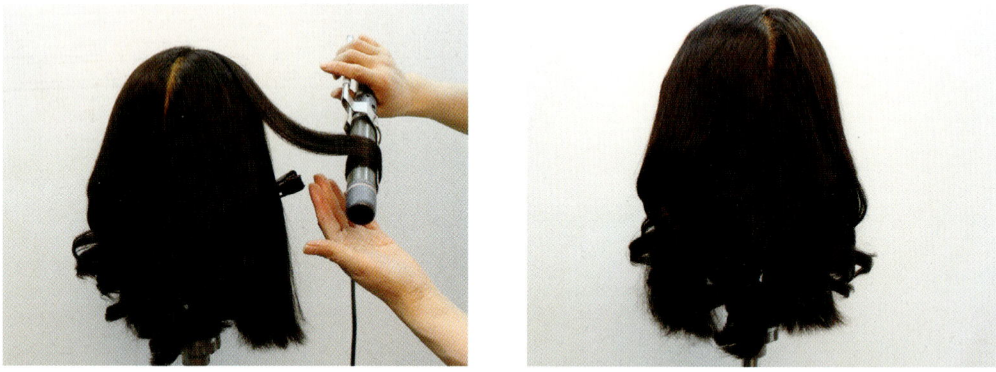

17 모발 끝부터 조심스럽게 감아주면서 왼손이 도와준다. 모발을 감은 아이론은 뜸을 들이고 난 후 빼준다.

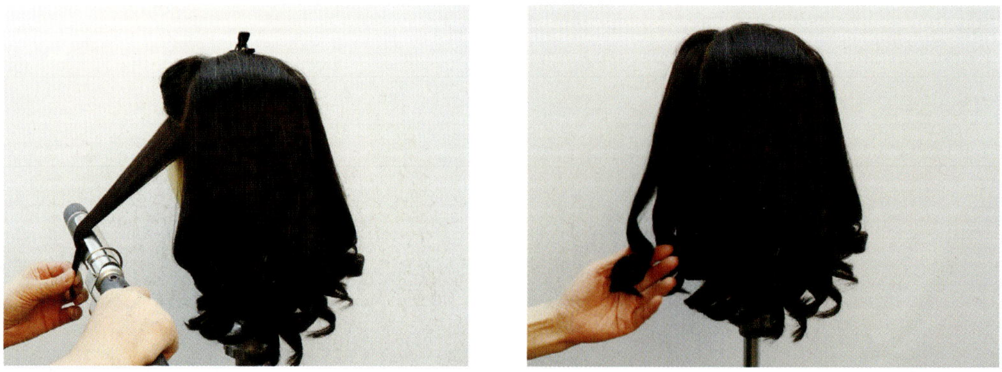

18 동일한 방법으로 좌측도 모발을 조심스럽게 감아주면서 모발이 흩어지지 않도록 왼손으로 도와준다. 다음 아이론을 빼주면서 핀컬 핀으로 꽂아 놓는다.

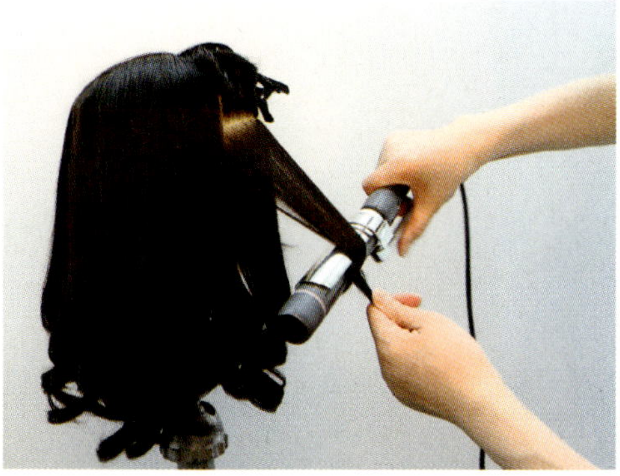

19 동일한 방법으로 진행하며 모발 끝까지 컬이 만들어지고 열이 전달되었는지 수시로 확인한다.

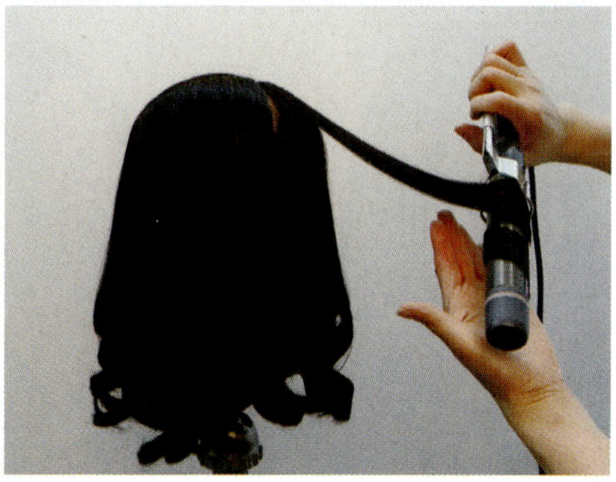

20 마지막 섹션을 모발 끝에서부터 감아가면서 왼손으로는 모발이 흩어지지 않도록 도와준다. 아이론을 개폐하면서 2~3초 동안 열을 충분히 전달한 다음 아이론을 빼준다.

완성된 전면 모습

완성된 우측

완성된 뒷모습

Chapter

15 아이론(리버스)

시술 전 모습

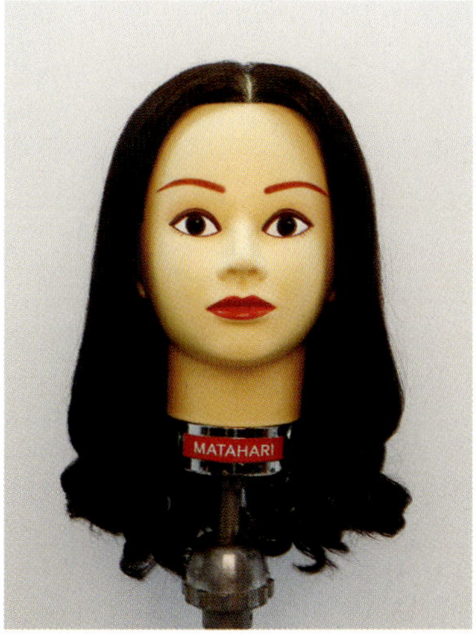

완성된 전면 모습

완성된 후면 모습

완성된 우측 모습

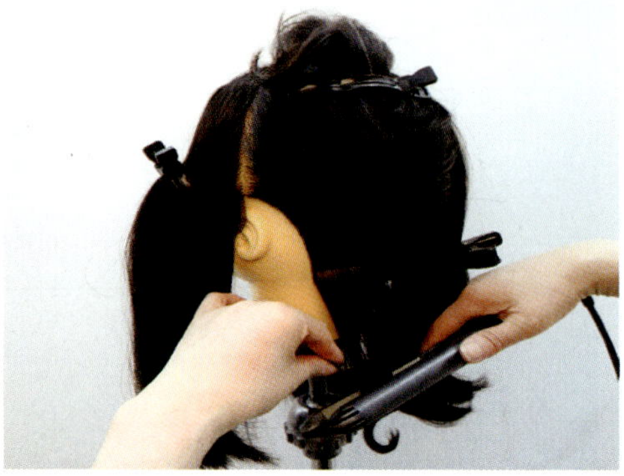

1 4등분 브로킹을 하고 네이프 부분부터 시작한다.
모발의 섹션은 수평 방향으로 약 1.5cm 정도로 나누어 진행한다.
꼬리빗을 이용하여 모발의 결을 정리하고 모근에 불필요한 웨이브를 펴준다.

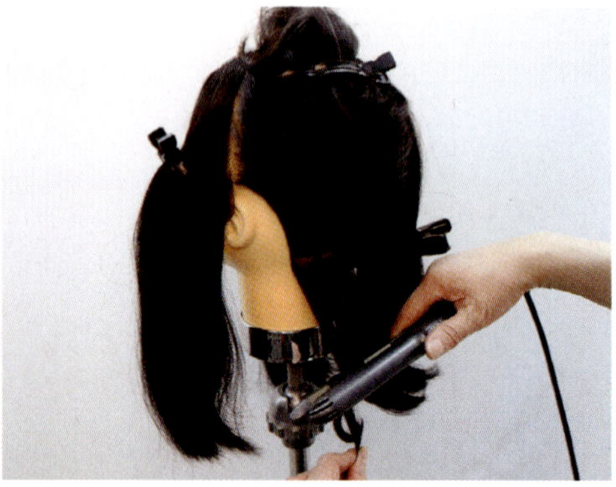

2 리버스웨이브는 머리카락의 방향이 전체적으로 후두부를 향하고 있어야 하므로 웨이브를 표현하고자 하는 지점부터는 아이론의 방향을 조절한다.
좌측면 시행 시 프롱의 끝을 15도가량 아래로 향하게 하여 시작한다.

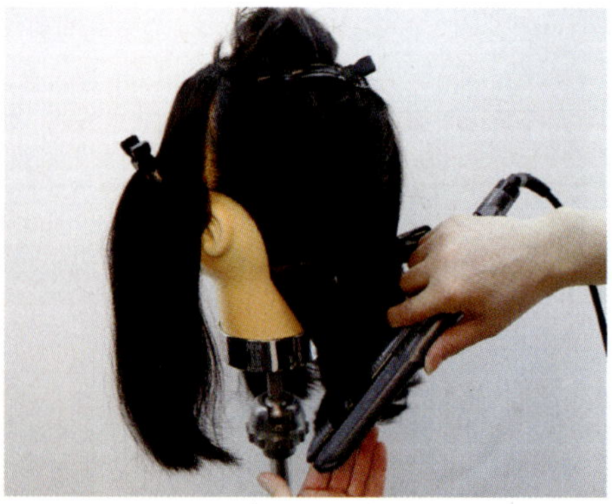

3 프롱에 모발의 끝이 후두부 방향으로 가도록 감고 아이론을 개폐하며 모발 끝까지 열이 잘 전달될 수 있게 한다.

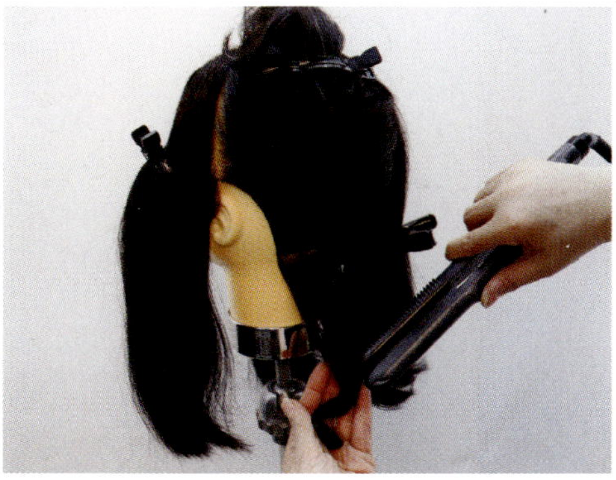

4 모발의 끝이 매끈하게 나올 수 있도록 확인하며 2~3초가량 유지하고 아이론은 조심스럽게 빼준다. 이때 반대쪽 손을 이용해 열이 식을 때까지 웨이브가 중력 방향으로 떨어지지 않도록 잡아주면 컬의 탄력이 높아진다.

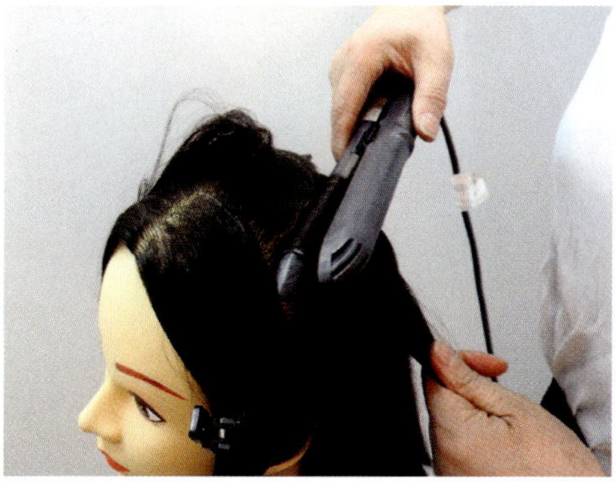

5 후두부를 단계적으로 진행하며 백포인트(B · P)가 되면 두상에 따라 모근부의 볼륨을 고려해야 한다.

모근부에 아이론을 대고 2~3초가량 유치 후 볼륨을 준다.

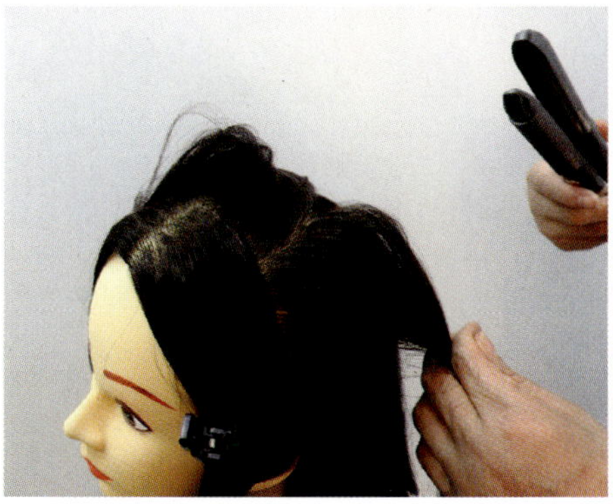

6 아이론을 빼준 후 모발의 스트렌드를 잡고 식을 때까지 형태를 유지해 준다.

아이론을 사선 방향으로 세우고 모발을 끝까지 감고 2~3초 유지 후 조심스럽게 빼준다.

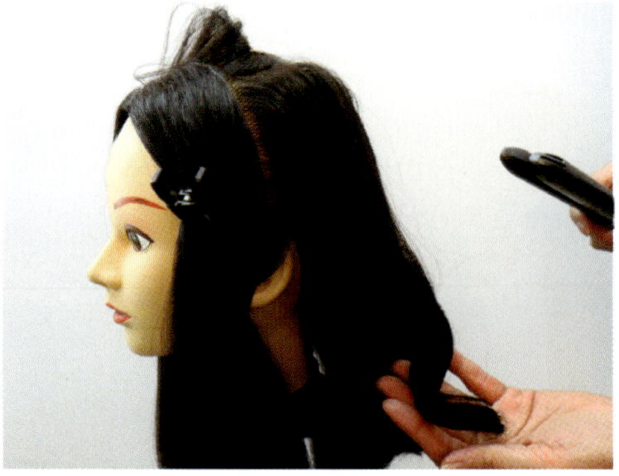

7 지금과 같은 방법으로 두정부까지 진행한다. 아이론이 모발 끝으로 진행할수록 고객의 머리가 당기지 않도록 모근 쪽 스트랜드를 잡아주며 아이론을 조심스레 빼준다. 모발의 끝이 뻗치지 않게 웨이브를 확인한다.

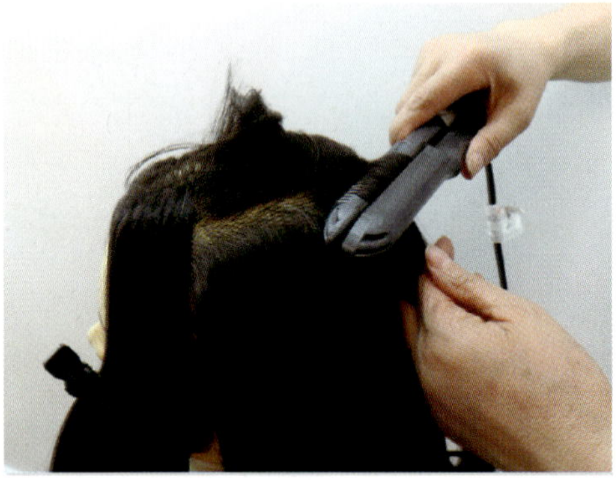

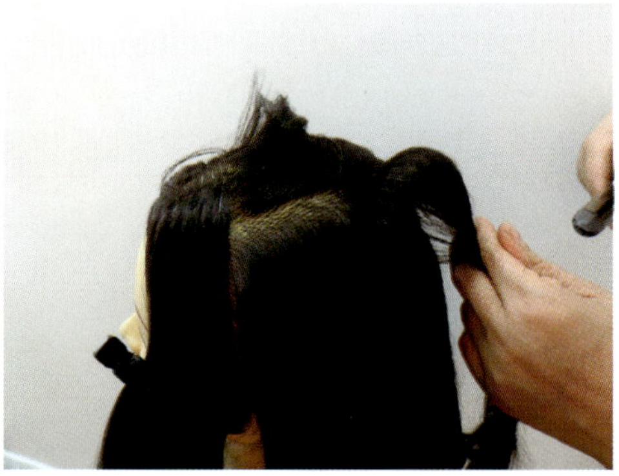

8 센터라인에 모류 방향성으로 갈라지지 않도록 하고 톱포인트(T · P)로 갈수록 모발의 결과 볼륨에 주의하며 시행한다.

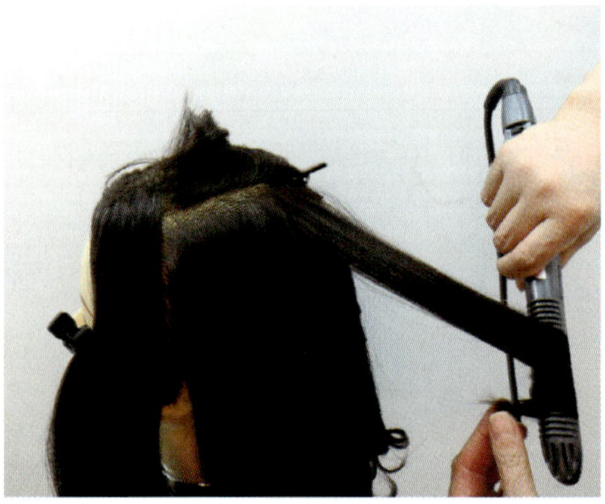

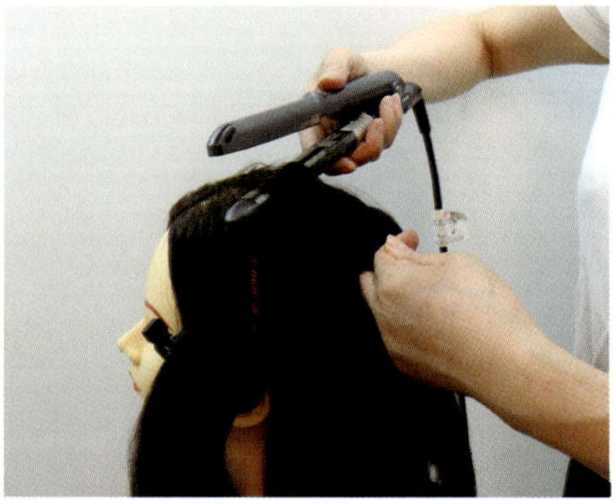

9 아이론을 이용한 기법에서 가로 응용 테크닉은 클립과 함께 시술한다. 아이론의 크기에 따라 웨이브가 달라지므로 고객의 이미지와 현재 모발의 스타일에 따라 아이론을 선택하여 볼륨의 형태를 조절해야 한다. 매끈하게 모발을 펴준 후 모발을 아이론에 감아 모근 가까이에서 뜸을 들인다.

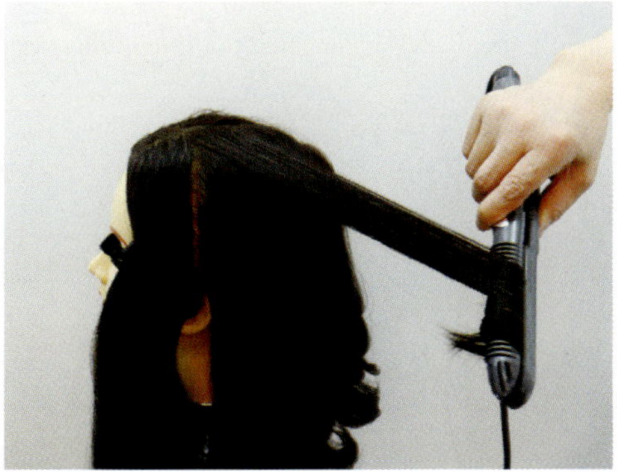

10 스트랜드에 텐션을 주면서 매끄럽게 펴준다. 모발을 조심스럽게 감아주면서 모발이 흩어지지 않도록 왼손으로 도와준다.

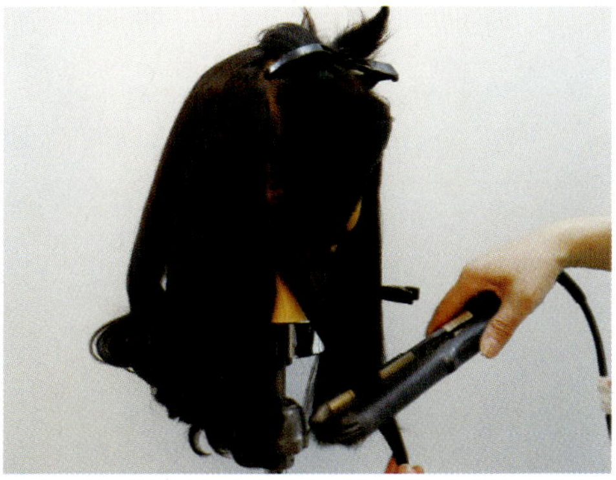

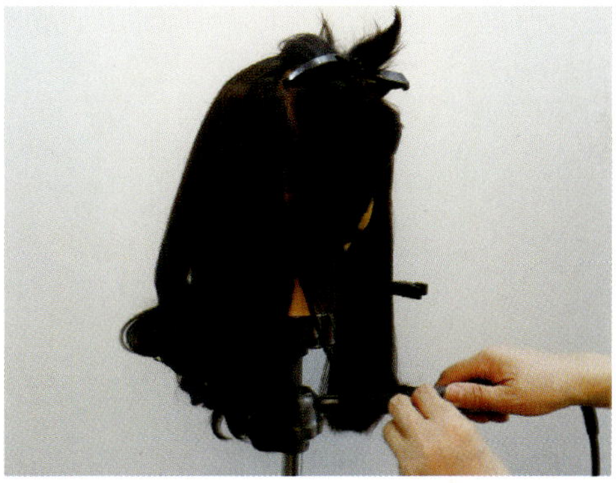

11 모발 끝에서부터 감아줄 때 끝이 풀리지 않도록 조심스럽게 하면서 왼손으로 도와준다.

12 리버스웨이브 좌측 후두부는 모발의 끝이 후두부 쪽으로 향하도록 한다.
아이론의 끝부분은 위쪽으로 향하도록 하고 비스듬히 사선으로 세워 진행한다.

13 모발의 끝 방향을 확인하고 뿌리에 불필요한 웨이브를 매끈하게 정리한다.

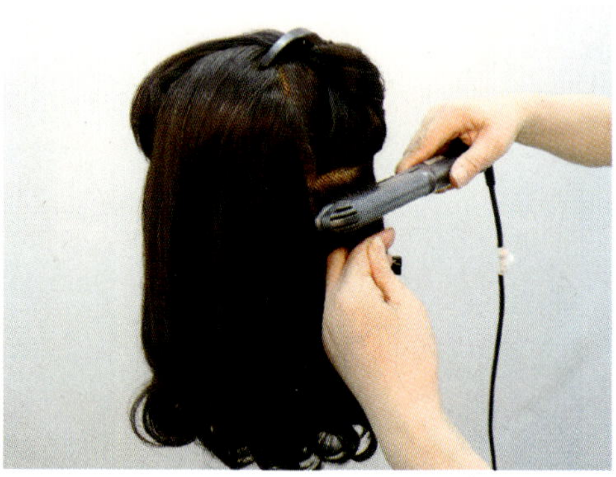

14 텐션을 주면서 아이론을 펴준다.

15 후두부를 단계적으로 진행하며 백포인트(B · P)가 되면 두상에 따라 모근부의 볼륨을 고려한다.

16 스트랜드에 텐션을 주면서 매끄럽게 펴준다. 아이론을 개폐하면서 2~3초 동안 뜸을 들인 다음 아이론을 빼주면서 핀컬 핀으로 꽂아 놓는다.

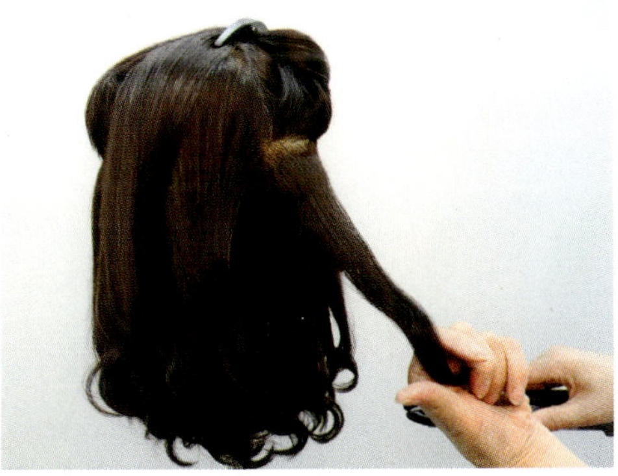

17 모발 끝에서부터 모근 쪽으로 감아준다. 아이론을 개폐하면서 2~3초 동안 뜸을 들인 다음 아이론을 빼주면서 핀컬 핀으로 꽂아 놓는다.

18 전두부로 진행 시 모근 부분의 볼륨을 주고 아이론을 개폐하면서 2~3초간 유지한 후 아이론을 빼준다.

19 모발 끝부터 조심스럽게 감아주면서 왼손이 도와준다. 모발을 감은 아이론은 뜸을 들이고 난 후 빼준다.

20 동일한 방법으로 좌측도 모발을 조심스럽게 감아주면서 모발이 흩어지지 않도록 왼손으로 도와준다. 다음 아이론을 빼주면서 핀컬 핀으로 꽂아 놓는다.

21 동일한 방법으로 우측도 마지막 섹션을 조심스럽게 감아주면서 모발이 흩어지지 않도록 왼손으로 도와준다. 다음 아이론을 빼준다.

완성된 전면 모습

완성된 우측

완성된 뒷모습

index

[저자소개]

정찬이 - 라인뷰티아카데미학원 원장
김동분 - 서정대학교 뷰티아트과 교수
반세나 - 인천재능대학교 뷰티케어과 교수
임순녀 - 동신대학교 뷰티미용학과 교수

[참고문헌]

장선일 외 11인, 《미용학개론》, 광문각, 2010년
강영숙 외 10인, 《Iron & Blow Dry Styling》, 훈민사, 2005년
정년구 외 9인, 《BlOW DRY AND IRON》, 청구문화사, 2005년
조미영 외 7인, 《블로우드라이&헤어세팅&아이론》, 훈민사, 2005년
신지현 외 18인, 《신미용학개론》, 수문사, 2007년
손미경, 《고전머리따라하기》, media view, 2007년
이영미 외 4인, 《Hair set and Dry》, 훈민사, 2009년
김명주 외 3인, 《HAIR CLINIC》, 현문사, 2011년
안홍석, 《Beauty & Health Science》, 워북, 2007년
손미경, 《한국여인의발자취》, 이환, 2004년
주용영 외 2인, 《Basic Blow Drying》, 훈민사, 2009년
Healing hair care institute, 《HAiR Care ART》, 현문사, 2002년
한국두피모발관리사협회, 《두피모발관리사3급》, 크라운출판사, 2007년
비티비평생교육원, 《HAIR MENTOR》, 비티비평생교육원, 2009년

블로우드라이 & 아이론

2019년 3월 11일 1판 1쇄 인 쇄
2019년 3월 18일 1판 1쇄 발 행

지 은 이: 정찬이 · 김동분 · 반세나 · 임순녀
펴 낸 이: 박정태

펴 낸 곳: **광 문 각**

10881
경기도 파주시 파주출판문화도시 광인사길 161
광문각 B/D 4층
등 록: 1991. 5. 31 제12-484호
전 화(代): 031) 955-8787
팩 스: 031) 955-3730
E - mail: kwangmk7@hanmail.net
홈페이지: www.kwangmoonkag.co.kr

ISBN: 978-89-7093-938-4 93590

값: 27,000원

한국과학기술출판협회회원
KSPA